KB042628

엄마와 아이의 자기긍정감을 키우는

엄마의 일상이 빛나고, 아이의 재능은 꽃 피우는 육아 기술

시작하며

저는 현재 육아 심리학 협회 대표이사로 출판, 육아 심리학 및 육아 심리학 카운슬러 양성 강좌 운영, 육아 상담과 육아법 지도를 하고 있습니다. 이러한 이력을 가지고 있음에도 사실 제 아이들을 키우는 일에 대해서는 고민을 안고 있는 엄마입니다.

저는 원래 초등학교 교사였습니다. 그리고 교육위원회에 재직하면서 학교 선생님들을 지도하는 역할을 담당했습니다. 그런데도 두 명의 자식에게 휘둘리는 엄마였지요.

아이들은 부모의 시간과 돈을 먹으며 자랍니다. 육아에 시간, 체력, 기운을 소모하던 어느 날, 정신을 차려보니 저 역시 여느 엄마들과 다르지 않다는 것을 깨닫게 되었습니다. 아이에게 안절부절하고, 잔소리하는 지극히 일반적인 엄마였습니다.

이 세상에 육아만큼 '아는 것'과 '할 수 있는 것'이 다른 분야는 없다고 생각합니다. 머리로는 아이를 칭찬하고 격려해 줘야 한다고 생각합니다. 하지만 인내심과 체력이 소진되고, 분노와 불안감이 증가하면 아이를 칭찬하기는커녕 고함을 지르거나 불필요한 걱정을 늘어놓게 됩니다.

이 책을 통해 아이의 의욕과 자신감을 끌어내는 '육아의 해법'을 전해드리고자 합니다. 아이의 마음 저금통에 엄마의 애정이 '행동'으로 전달되면, 의지와 자신감의 원천인 '마음 저축®'이 가득 차고 아이가 본래 가지고 있는 능력과 재능을 최대한으로 끌어올릴 수 있습니다. 그럼 육아에서 발생하는 많은 고민을 해소할 수 있습니다.

아이와 마찬가지로 엄마의 마음속에도 '마음 저금통'이 있습니다. 엄마의 마음 저금통에 마음이 저축되어 있지 않으면 아이의 '마음 저축®'을 늘려주기 어렵습니다. 물론 아이를 양육하는 시기에는 엄마의 일상이 아이 중심으로 돌아가기 때문에 엄마는 자신을 돌보고 챙길 시간과 여유가 극단적으로 줄어들지요.

그럼 어떻게 하면 좋을까요?

저는 '육아의 해법'과 함께 능숙하게 엄마의 '마음 저축®'을 늘리고 아이의 '마음 저축®'도 늘리는 방법을 제시하고자 합니다. 엄마와 아이의 마음을 모두 풍요롭게 할 수 있는 육아법이니 기대하셔도 좋습니다.

일반사단법인 육아심리학협회 대표이사

히가시 치히로

• '마음 저축®'은 일본 일반사단법인 육아심리학협회의 상표 등록(번호 5635344)입니다. 본문에서는, '마음 저축'이라고 하고 있습니다.

차례 

2장

엄마의 마음 저축 방법 키워드는 '아이의 마음 저축'

3장
아이의 자기긍정감을 높이는 방법 엄마가 감정적으로 화내지 않는 방법

4장

이럴 땐 어떻게 해야 할까? 모아둔 마음 저축은 이렇게 써요

1장

엄마의 주된 스트레스는 육아 엄마의 마음과 행동을 바꾸자

엄마가 아이의 감정을 통제하기는 힘들다

엄마의 스트레스 중 가장 큰 부분을 차지하는 육아

여러분이 안고 있는 스트레스의 원인은 무엇입니까?

자녀? 일? 인간관계?

전업주부라면 하루의 대부분을 차지하는 육아일 것입니다. 직장을 다닌다고 하더라도 업무 일정 등을 고려하는데 육아가 중요한 요인이 되기 때문에 역시 육아가 메인이 된다고 생각합니다.

그런데 육아에 있어서 미숙한 면이 있다고 느끼면, 엄마는 스트레스가 쌓입니다. 일단 마음의 여유가 사라지고 모든 생활에

악영향을 미치면서 만족감을 느끼기 힘들어집니다.

그렇기에 엄마의 주된 스트레스는 '육아'라고 이야기하는 것입니다.

타인의 감정을 통제하기는 어렵다

제게 육아 상담을 요청하는 엄마들은 모두 "아이를 좋은 방향으로 변화시키고 싶다."라고 말합니다. "아이의 문제점을 해결하고 싶다.", "아이를 변화시키는 방법을 알려 달라."라고 요청하지요.

확실히, 그건 굉장히 어려운 일입니다. 결과적으로만 보면

아이의 행동은 변합니다. 하지만 부모가 제자리에서 양육 방향만 수정한다고 해서 금방 눈에 보이는 변화가 일어나지 않기 때문입니다.

원래 사람은 자기 일 외에는 통제할 수 없어요. 통제는 자신의 의사로 행해지는 과정이므로 바꿀 수 있는 것은 자신의 마음뿐입니다.

상대방이 "네, 그대로 따르겠습니다."라고 대답할 수는 있지만, 실제로 타인의 감정까지 통제하기는 어렵습니다.

'다이어트 중인데 무심코 과자를 먹었다, 작심삼일로 끝났다' 등의 상황은 정말 흔하지요. 자신의 식욕도 제어하기 힘든데, 어린아이의 욕구를 통제하기는 상당히 어려운 일입니다.

 point 1

우리 아이가 달라지길 바란다면, 엄마의 마음과 행동이 먼저 달라져야 한다

많은 엄마가 아이가 달라졌으면 좋겠다는 바람과 더불어, 자신의 감정을 잘 다스리고 싶어 합니다.

상담을 요청하는 대다수의 엄마가 처음에는 "우리 아이의 문제행동을 고치고 싶어요."라고 이야기하지만, 이내

"사실 아이 문제보다 제 감정 기복 때문에 더 힘들어요."
라고 호소합니다.

감정 기복을 제어하기는 쉽지 않습니다. 저는 항상 이렇게 대답합니다. **"아이의 변화를 원한다면 엄마의 마음과 행동을 바꾸는 것이 가장 빠릅니다."**

육아의 어려움과 고달픔은 아이가 느끼는 것이 아니라 엄마가 느끼는 스트레스입니다. 따라서 엄마가 마음을 바꾸면 육아의 고충도 해결 할 수 있습니다.

그렇다고 당장 힘든데, 괜찮은 척 밝은 표정을 유지하기는 부자연스럽지요. 그 기분 충분히 이해합니다.

엄마들은 저마다 다른 육아 문제로 고민하고 있다

엄마들은 누구나 육아에 있어서 각기 다른 고민을 안고 있습니다. 육아서와 교육 방송을 보고, 다른 엄마의 경험담도 들어봐서 일반론은 다 안다 해도, 그것을 우리 가정에도 적용할 수 있는지는 다른 문제입니다.

저는 각 가정의 다양한 육아 상황을 제대로 파악하고, 그에 맞춘 육아법을 실천하면, 엄마와 아이 모두 '매우 빠르게' 변화한다는 것을 수많은 상담 사례로 경험하였습니다.

육아는 앞으로도 쭉 계속됩니다. 중간에 그만둘 수도 없습니다. 아이를 잘 키우는 요령을 터득하면 가족관계와 사회생활에도 응용할 수 있습니다.

엄마의 스트레스를 해소하는 가장 좋은 방법은 상황을 두루뭉술하게 보지 말고, 직접적인 요인을 찾아 해결하는 것입니다.

엄마가 받는 스트레스의 주원인이 '육아의 어려움과 고달픔'이라면 육아를 좀 더 수월하게 할 수 있는 방법을 찾아야 합니다.

엄마를 힘들게 하는 육아 스트레스 원인!

앞서 언급한 바와 같이 엄마의 주된 스트레스 원인은 육아입니다. 엄마들은 육아의 어떤 부분에서 스트레스를 느끼는 것일까요?

제가 경험한 상담 사례를 하나 소개해 보겠습니다. 육아로 녹초가 된 엄마 A 씨의 이야기입니다.

A 씨는 네 살 남자아이와 세 살 여자아이의 엄마입니다.

최근 작은아이가 밤중 울음이 시작되어 밤마다 잠을 이루지 못하고 녹초가 된 상태입니다. 낮에는 바깥 놀이를 좋아하는 아이들을 위해서 매일 공원에 나갔습니다.

항상 애쓰고 있는 엄마의 마음을 아는지 모르는지, 집에 돌아갈 시간이 되면 큰아이가 집에 가기 싫다며 투정을 부리는 일이 잦아졌습니다. '더 놀고 싶어!'라고 소리치며 장난감을 내던지고 떼를 씁니다. 처음에는 다정하게 타이르곤 했지만, 그래도 울면서 고집을 부리는 아들에게 점점 화가 났습니다.

"엄마는 정말 최선을 다하는데, 도대체 왜 이러는 거야!"

A 씨는 종일 육아에 매달려 있느라, 요즘 자신을 돌볼 시간이 전혀 없었습니다. 차를 마시거나 책을 읽거나 화장을

할 시간도 없습니다. 소파에 30분 이상 편히 앉아 있을 수조차 없지요. 언제든, 어디든 아이 두 명과 함께해야 했습니다.

마음 편히 쇼핑할 시간도 없고, 친구를 만날 여유는 상상조차 할 수 없습니다. 마음의 안정은 이미 사라진 지 오래고, 항상 쫓기듯 바쁘고 조급한 상태로 안간힘을 쓰며 살고 있습니다.

그런데도 남편과 시어머니는 "애를 제대로 가르쳐야지!", "엄마가 엄하게 해야지. 매사에 오냐오냐하니까 애가 저러지!"라며 A 씨를 나무랐습니다.

그러던 어느 날 A 씨는 더는 참지 못하고, "내 아이들은 귀하게 애지중지하며 키우고 싶다고요!"라며 솔직한 심정을 토로하였습니다.

A 씨는 전문가의 조언이 필요하다고 생각했고, "지금 이 상태가 지속하면 저 때문에라도 아이를 망칠 것 같아요."라며 상담을 요청하였습니다.

저는 A 씨에게 '정말 열심히 하는 것이 무엇인지', 그리고 '아들이 투정을 부리는 이유'에 대하여 설명해 주었습니다.

엄마가 육아에 지쳐서 힘든 상태여도 아이는 끊임없이 엄마의 사랑을 받고 싶어 합니다.

큰아이는 자기 몫인 엄마의 관심과 에너지가 밤중에 우는 여동생에게 쓰이고 있다고 느낍니다. 그러니 엄마에게 얼마 남아있지 않은 에너지를 반드시 자신이 차지해야 한다고 생각하는 것이지요. 그래서 여동생에게 지쳐있는 엄마에게 관심을 달라고 투정을 부리는 것입니다.

저는 A 씨에게 큰아이의 마음과 욕구에 관해 설명했습니다. 결과는 어땠을까요?

큰아이는 길에서 떼를 부리는 일도 현저히 줄어들었고, 이유를 설명하면 이해해 주는 아이로 변했습니다. 그리고 엄마에게 "나도 엄마가 좋아요. 정말 좋아요!"라는 말도 해 주었습니다.

이 극적인 변화가 일어날 수 있었던 방법에 대해서는 2장에서 자세히 다루도록 하겠습니다. 지금은 스트레스의 원인에 대해 좀 더 생각해 봅시다.

엄마의 육아 스트레스는 차곡차곡 쌓여간다

A 씨는 우선 육아에 관해 조언을 구할 상대가 없었습니다. 마음 편하게 불평을 토로할 친구도 없었지요. 그리고 밤마다 심하게 울어대는 작은아이와 투정을 부리는 큰아이를 상대로 혼자 열심히 고군분투했습니다. 자신을 위한 시간을 가질 수도 없고, 남편과 시어머니의 비난도 감수해야 했지요.

A 씨는 이미 스트레스가 쌓일 만큼 쌓여있어서 언제 폭발해도 이상하지 않을 상황이었습니다. 하지만 이는 A 씨만의 특수한 상황은 아닐 것입니다. 수많은 엄마가 공감할 만한 스트레스지요.

엄마의 마음에 스트레스가 쌓이는 가장 큰 원인 다섯 개 중에서 A 씨는 세 개가 해당하였습니다.

그럼 이 상황을 어떻게 해소하면 좋을까요?

현실적으로 참 어렵긴 합니다. 왜냐하면 스트레스의 주요 원인인 아이가 24시간 눈앞에 있고, 직장을 다니고 있는 남편은 육아를 충분히 도와주지 못합니다. 엄마는 주말도 휴일도 없이 항상 스트레스와 마주할 수밖에 없습니다.

엄마를 힘들게 하는 육아 스트레스 원인 5

1 육아 조언을 구할 상대가 없다.
2 불만을 편하게 털어 놓을만한 사람이 없다.
3 힘들어도 도와줄 사람이 없다.
4 혼자만의 시간이 없다.
5 가족 관계 및 경제적 문제를 겪고 있다.

바로 실천할 수 있는 스트레스 해소법 '혼자만의 시간'

비록 현실적인 어려움은 있지만, 그래도 스트레스를 해소할 방법은 있습니다. 우선 엄마 혼자서 쉽게 할 수 있는 스트레스 해소법은 혼자만의 시간을 보내는 것입니다.

쇼핑, 영화감상, 카페 가기 등 무엇이든 상관없습니다. 가사노동과 육아에 지치고, 직장과 육아를 병행하느라 시간에 쫓기는 현실에서 쉽지는 않겠지만, 그래도 엄마 혼자만의 시간을 만들 수 있는 대책을 세워봅시다.

남편이 협력적인 사람이라면 아이를 맡기고 우선 혼자가 되는 것입니다. 부모님이나 형제자매의 도움을 받는 것도 좋습니다.

저는 실제로 남편이 쉬는 일요일에 아이를 맡기고, 혼자 마트에 가서 일주일 동안 필요할 물품들을 쇼핑했습니다. 일요일에 혼자 쇼핑을 하면서 에너지를 재충전할 수 있고, 평일에는 부족한 물건만 구매하면 되니 집안일에서도 신경 쓸 부분이 줄어들었습니다. 미용실에 가거나 본인을 위한 물건을 사러 나가는 것도 매우 좋은 방법입니다. 저는 제 자신을 위해 만 원 정도의 물건을 사곤 했습니다. 머그잔, 손수건, 양말 등 작지만 그런 행위만으로도 왠지 마음이 설레는 기분이 들었습니다.

이렇게 **혼자만의 시간을 가지고 나면 방전 상태였던 마음이 재충전되고, 다시 아이를 마주할 수 있는 기운이 생깁니다.**

'육아에 관해 상담하거나 푸념할 상대가 없다'는 스트레스의 원인 중에 가장 큰 비중을 차지합니다.

친정어머니, 자매, 또래 친척, 친구, 동료 등 지인들에게 마음의 부담을 조금 내려놓고 연락해 보면 어떨까요?

비슷한 나이 때라면 육아로 고민하는 사람은 있기 마련입니다. 아이와 보내는 일상과 육아 관련 에피소드 등에 관해 이런저런 대화를 나누다 보면 짓눌러왔던 감정이 조금씩 누그러지는 기분을 느낄 수 있을 것입니다. 그리고 육아가 나에게만 힘들고 어려운 일이 아님을 알게 되는 것만으로도 마음이 한결 가벼워집니다.

부정적인 감정이 생기는 이유, 엄마의 분노 처방전

저는 육아와 분노 감정이 밀접한 관계가 있다고 생각합니다. 사실, 분노는 생기면 안 되는 감정이 아닙니다. 자연스럽게 솟아오르는 감정이어서 멈추기 어렵고, 그래서 인간다운 면도 있다고 생각합니다. 그러니까 화내는 자신을 비난하지는 마세요.

부정적인 감정(불만, 불안, 초조, 슬픔, 망설임 등)은 나만 느끼는 감정입니다. 내가 불안하고 초조하고 불만이 있어도 그 감정을 이야기하지 않으면 다른 사람들은 모르고 넘어갈 가능성이 높습니다.

하지만 분노는 다릅니다. 분노 감정은 주위에 미치는 영향력이 매우 큽니다. 아이에게 미칠 영향력을 생각하여 가능한 억제 해야 합니다.

아이의 마음에 모아주어야 할 것은 분노가 아닌 '애정'

냉정하게 생각해 봅시다. 엄마로서 나는 정말 누구에게, 왜 화가 난 것일까요? 무엇을 전달하고 싶은 걸까요?

분노를 객관화하면, 화가 어느 정도 누그러지고 대응책을 찾을 수 있습니다.

단, 분노를 빨리 가라앉히려고 서두르지는 마세요. 자연스럽게 분노가 사그라지면 좋겠지만, 갑자기 넘어서기에는 감정의 벽이 매우 높습니다.

일단 마음을 저축하는 것이 중요합니다.

아이의 마음속에 '엄마의 분노'를 담아주면 안 됩니다.

모아주어야 할 것은 '아이를 향한 엄마의 사랑'입니다.

엄마 본인의 페이스에 맞게, 자녀를 사랑하는 마음을 말과 행동으로 표현해 주세요. 그 과정에서 아이는 조금씩 변화합니다.

엄마의 말에 귀 기울이고 이해하려고 노력해 줍니다. 그러면 엄마의 분노도 점차 소멸하고, 선순환되어 스트레스도 줄어듭니다.

제가 교육위원회 중학교 상담사로 재직 중일 때, 문제를 겪고 있는 아이들을 대상으로 발달 상담을 진행했습니다. 대부분의 아이는 문제를 개선하고 긍정적인 결과에 이르게 되었지만, 그렇지 못한 경우가 있었습니다.

저에게 큰 영향을 준 사례이기에 그 이야기를 잠시 해보겠습니다.

어느 날부터 갑자기 학교에 나오지 않는 아이가 있었습니다. 아이와 상담을 이어가면서, 아이의 등교 거부는 엄마의 문제에서 비롯되었음을 알게 되었습니다.

안타깝게도 엄마의 감정적 '분노와 불안'이 해소되지 못하여, 아이의 본질적인 문제도 해결할 수 없었습니다. 결국 아이의 등교 거부는 이어지고 말았습니다.

이후, 저는 독립적으로 엄마들을 대상으로 한 육아 상담에 매진하였고, 감정에 대해 본격적으로 연구하기 시작했습니다. 그 결과 찾아낸 심리 치료 분야가 바로 '내면 아이 치유법(inner child therapy)'입니다.

'내면 아이(inner child) 치유법'으로 엄마 마음속에 담긴 분노의 정체를 찾는다

사람은 특별히 돈과 시간을 쓰지 않아도 여유 있게 식사를 하고, 밤에 잠을 푹 자고, 느긋하게 목욕을 하는 등의 행위로 몸과 마음을 리셋할 수 있도록 설계되어 있습니다.

하지만 육아를 하면 이러한 스트레스 해소법을 전혀 쓸 수 없기 때문에 엄마의 정신건강이 위태로워집니다.

대부분의 육아서에는 '엄마는 아이에게 웃는 얼굴을 보

여줘야 한다', '아이에게 지나치게 화를 내면 안 된다'라고 쓰여 있습니다.

하지만 육아 스트레스가 최고조에 달한 엄마는 웃음을 잃게 되고 쉽게 초조해지며 항상 불안감을 안고 지낼 수밖에 없습니다. 그리고 여태 숨죽이고 있었던 '마음의 상처'가 눈을 뜨고, 자신을 괴롭히기 시작합니다.

내면 아이 치유법(inner child therapy)은 성인이 된 자신이 느끼는 부정적인 감정의 원인이 어렸을 때 어떤 일을 계기로 발생했는지 자각합니다. 그리고 당시 어린 자신이 말하지 못했던 감정들을 표현함으로써 치유하는 심리학입니다.

마음은 작은 일에도 크게 상처받는 성질을 가지고 있습니다. 어른에게는 사소하게 느껴지는 일일지라도 아이의 마음은 상처를 입습니다. 그리고 마음의 상처를 '알아주고, 이해해 주고, 치유해 주길' 간절히 바랍니다.

예를 들어 어릴 때 동생이 일방적으로 괴롭히는데도 엄마가 "네가 누나니까 참아."라고 말하고, 동생 혼자 장난감을 어지럽혔는데도 "너희들은 정말 정리가 안 되는 아이들이구나!"라며 같이 혼났다고 가정해 봅시다.

엄마는 정리를 잘하는 아이가 되길 바라는 마음에 한 말이겠지만 큰아이는 엄마의 불합리한 말에 화가 납니다.

하지만 엄마의 불합리함을 지적하면 더 혼날 것 같아서 그냥 참아버립니다. 그렇게 큰아이는 엄마와 동생에게 느끼는 분노 감정을 마치 없었던 것처럼 마음 깊은 곳에 숨깁니다.

마음은 어린 시절에 깊이 묻어 놓은 분노 감정을 '깨닫기를, 알아주기를, 달래주기를' 간절히 바라고 있습니다. 그래서 동일한 분노를 느낄만한 사건을 몇 번이고 일으키게 합니다. 같은 감정을 다시 느끼게 해주지 않으면 상처에 대해 알아주지 않기 때문입니다.

저는 아이와 엄마 모두 빠르고, 확실하게 변화하기를 바라는 마음으로 내면 아이 치유법을 제안합니다. 내면 아이 치유법은 대략 이런 흐름으로 진행됩니다.

① 생활하면서 심적으로 힘들고 불편한 점이 무엇인지 찾아보고, 내면 아이 치유 주제를 함께 정의합니다.

② 어린 시절 느꼈던 부정적 감정의 시기까지 기억을 거슬러 올라갑니다.

③ 부정적 감정을 느꼈을 당시의 어린아이가 당시의 상황을 말합니다. 아픔을 이야기 함으로써 아이인 자신이 상처받았던 마음을 어른인 자신에게 전합니다.

④ 상처받은 내면 아이가 치유되면 밝은 표정이 됩니다.

유년기에 정신적으로 심각한 트라우마를 겪은 경우가 아니라면, 내면 아이 치유법으로 단시간에 긍정적인 변화가 일어나기도 합니다. 그래서 아이를 키우느라 바쁜 엄마도 접근하기 쉽습니다.

엄마의 분노 감정 처방전

1 자녀의 마음에 엄마의 분노를 담아두면 안 된다. 모아 주어야 할 것은 애정이다.

2 어린 시절의 부정적 감정을 표현함으로써 현재 느끼는 분노의 계기를 찾아내 치유하는 '내면 아이 치유법'(심리학)을 활용한다.

아이에게 악영향을 미치는 엄마의 감정,
'분노와 무관심'

우리는 성장 과정에서 여러 상처들을 받게 됩니다. 지금도 또렷이 기억하고 있는 것, 까맣게 잊어버리고 있는 것, 기억하면 괴로워서 없던 일로 치부하는 것 등이 있습니다.

다음의 사례를 들여다봅시다.

지아는 6살 여자아이입니다. 여느 또래 아이들처럼 엄마의 관심을 받고 싶어 하지요.

"엄마, 내가 그린 그림 봐주세요!"

"엄마, 내 노래 들어봐 줘요!"

지아는 늘 엄마의 칭찬을 갈망했습니다. 그럴 때마다 할머니로부터 "조용히 해라 시끄럽구나!", "어지럽히지 말고 얌전히 놀아라!"라며 야단을 맞곤 했습니다.

지아 엄마는 매사에 엄한 시어머니께 온 신경이 쏠려 있어서 아이의 이야기를 차분하게 들어줄 마음의 여유가 없었습니다. 칭찬을 받고 싶어서 무엇이든 보여주고 싶어 하는 아이와 그런 상황을 못마땅해하는 시어머니 사이에서 마음의 갈등을 겪습니다.

하지만 딸아이에 대한 시어머니의 지적은 곧 자신에게

비난으로 돌아오기 때문에 "조용히 해, 엄마가 있다가 봐 줄게."라며 지아의 마음을 살펴주지 못했습니다.

지아는 엄마에게 "엄마가 그러면 내 마음이 아파."라고 말해봤지만, 엄마의 태도는 변하지 않을 것임을 이내 깨닫게 됩니다. 그래서 결국 '뭐, 어쩔 수 없는 거지'라며 체념합니다.

6살 지아의 '외로운 마음'은 어른이 된 지아에게 그 존재감을 드러내게 됩니다. '6살 지아'는 '어른 지아'에게 자기가 느낀 분노와 슬픔을 맛보게 하고 싶습니다.

왜냐하면 6살 지아는 '어차피 내가 뭐라고', '내가 뭘 어쩔 수 있겠어'라며 억눌러 온 감정 때문에 상처받았다는 것을 어른인 지아가 알아차리고 치유해 주기를 바라기 때문입니다. 그래서 몇 번이고 같은 감정을 맛보게 합니다. 등장인물을 바꾸어 선생님, 남편, 친구, 직장 상사로부터도 같은 감정을 느끼게 합니다.

지아에게만 해당하는 이야기일까요?

기억해 주세요.

누구든 유아~초등학생 시기까지의 경험은 어른이 된 후에도 같은 방식으로 영향을 줄 수 있습니다.

어린 시절, 엄마의 과도한 분노와 무관심으로 인해 마음에 새겨진 상처는 어른이 되어서도 그대로 남습니다. 어른이 되었는데도 새로운 일에 도전하고 싶은 욕구가 들지 않고 무기력하다면 나의 마음속 내면 아이를 들여다봅시다.

어린 시절로 돌아가 그 기분을 상상 속에서 재현합니다.

- 부정적인 감정이 당신을 힘들게 하고 있나요?
- 이런 감정을 느낀 적이 여러 번 있었나요?
- 부정적인 감정을 느꼈던 어린 시절로 돌아가 봅시다.
- 그 당시에 내가 정말 하고 싶었던 말은 무엇이었나요?
- 그 당시에 내가 진정 원했던 것은 무엇이었나요?

기분을 표면화하여 '그랬었구나, 힘들었구나'라고 상처받은 어린 마음을 이해해 주고 치유해 주세요. 그럼 엄마로서 내 아이를 대하는 표정과 마음도 달라집니다.

내 아이가 '용감하고 도전 의식이 있는 강인한 마음을 소유한 어른'으로 성장하길 바란다면, 아이의 어린 시절 추억에는 엄마의 웃는 얼굴이 많아야 합니다.

어차피
무리예요.
안될 게
뻔해요.
자네들은
충분히
해낼 수 있어.
파이팅!
기획서
네!
맡겨
주세요!!

엄마가 짜증을 내면 아이는 의욕을 잃게 된다. 엄마의 의견을 전달하는 요령

꼭 기억해 두어야 할 것은, 엄마가 짜증을 내면서 이야기하면 아이에게 부정적인 감정만 전달될 뿐, 정작 **엄마가 아이에게 들려주고 싶은 이야기는 제대로 전달되지 않는다**는 사실입니다. 대부분의 아이가 그렇습니다. 그럼 엄마들은 더 조급해지고, 엄마와 아이의 관계는 악순환에 빠지게 됩니다.

아무리 옳은 말이라도 짜증과 함께 전달되면, 아이의 미숙한 뇌는 '엄마가 왜 화가 났을까'에만 집중할 뿐, 엄마가 정말 하고자 하는 이야기에는 관심이 가지 않습니다.

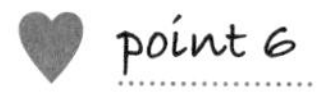

'왜'를 '무엇'으로 바꾸면 아이는 비난받는 기분이 들지 않는다

하교 후 바로 귀가하지 않은 아이에게 "집으로 바로 오라고 했잖아. 왜 그러는 거야!"라며 나무라거나, 방을 제대로 치우지 못한 아이에게 "방 정리를 또 안 했네, 왜 그러는 거야!"라고 화를 내면 아이의 행동이 개선될까요?

그렇지 않습니다. 아이에게는 엄마한테 혼나서 싫었다는 기억만 남을 뿐입니다. 아이는 어떻게 하는 것이 제대로 하는 것인지 잘 모릅니다.

부모가 아이에게 개선을 원하는 부분을 이야기할 때는 말하는 방식에 주의해야 합니다.

우선, '왜'를 '무엇'으로 바꿔서 말해봅시다. "왜 못해?" "왜 안 해?"라는 말을 들은 아이는 비난받고 있다고 느낍니다. 그럴 때는 '무엇'으로 바꿔 물으면 아이의 태도가 달라집니다.

"무엇부터 정리할 수 있을까?", "무엇을 하면 좋을까?"처럼 **'무엇'을 넣은 질문은 아이에게 생각할 거리를 만들어 줍니다. 그러면 아이는 어떻게 하면 좋을지 열심히 생각하게 됩니다.**

아이의 마음에 전달되는 대화법

1 '왜'를 '무엇'으로 바꿔 묻는다.

- '무엇'을 쓰면 아이가 생각하게 만드는 말로 바뀐다.
- '왜'는 화를 낼 때 주로 쓰이는 말이다.

2 '충분히 해낼 수 있다'라는 것을 전제로 말한다.

- 아이의 의욕을 북돋아 주는 어조로 말한다.
- 하기도 전에 '못 한다', '해봐야 소용없다'라고 말하면, 의지가 꺾이고 동기부여가 되지 않는다.

3 아이의 이름을 부르며 인사를 건넨다.

- 자신을 지켜봐 주고, 인정하고 있음을 느끼게 한다.
- 무관심은 아이를 포기하게 만든다.

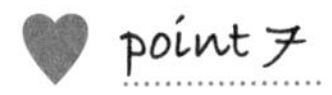

'넌 해낼 수 있어!'를 전제로 말하면 아이의 의욕을 끌어올릴 수 있다

아이는 '못하는 아이', '언제나 안 하는 아이'라는 취급을 받으면 하더라도 기분이 좋지 않고, 하고 싶은 마음도 들지 않습니다. 그러면 엄마한테 대들고 싶어집니다. 반면, '할 수 있는 아이'라는 것을 전제로 이야기하면, 아이는 의욕이 올라갑니다.

"○○는 할 수 있어. 자, 오늘은 뭐부터 할까?"

"○○라면 분명히 해낼 수 있을 것 같은데, 저녁 먹기 전까지 숙제 하나 정도는 끝내볼까?"

"훌륭하다! 다음에도 반드시 해낼 수 있을 거야!"

"너무 멋지다! 역시 해내는구나!"

이런 말을 들은 아이라면 누구나 한번 해보려고 할 것입니다. 아이의 기분이 좋아지고 의욕이 향상되면 엄마가 아이의 기분을 제어할 수 있게 됩니다.

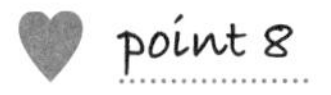

'이름+인사'를 건네면 아이는 엄마의 말에 귀 기울이게 된다

'아이가 말을 안 듣는다'는 모든 엄마의 공통된 고민이지요. 전달 방식에 약간의 요령을 더하면 아이가 엄마의 말을 들어주게 됩니다. '아이는 칭찬으로 키워야 한다'라는 공식을 알고는 있지만, 반복되는 일상인지라 특별한 칭찬거리가 없는 날이 많습니다. 그럼 어떻게 하면 될까요?

아이는 '이름을 부르며 인사하기'만으로도 자신의 존재를 인정받고 있다고 느끼고, 엄마의 말에 귀 기울여 줍니다. "잘 잤어?"보다 이름을 붙여서 "우리 ○○, 잘 잤어?"라고 인사를 건네면 아이는 엄마에게 친밀함을 느낍니다.

'이름+인사' 대화기술은 아이뿐만 아니라 성인에게도 친밀감을 느끼게 하는 심리적 효과가 있습니다. 상대를 유일하게 지정하여 인사를 건네는 표현이므로 친근한 인상을 심어주고, 상대방의 긴장감도 완화해 줄 수 있습니다.

이렇게 심리적 요령을 더하면 아이와의 친밀감이 높아지고, 정서적으로 안정감을 느끼게 된 아이는 기분이 좋아집니다. 그 결과 엄마의 육아 스트레스도 경감되지요.

엄마의 스트레스를 없애자! '편한 육아법'

저는 어머님들께 '편한 육아법'을 권합니다. 여기서 '편한'은 단순히 누군가에게 아이를 맡기거나 대충하라는 의미가 아닙니다. **아이의 '의욕'과, '자신감'을 끌어내는 육아법입니다.** 원래 아이가 가지고 있던 재능이 서서히 꽃을 피우고 자립할 수 있게 되면, 엄마는 자연스럽게 육아가 편해졌다고 느끼게 됩니다.

다시 말하면, 엄마를 짜증 나게 만들고 힘들게 했던 일들을 아이 스스로 하지 않게 되는 것입니다. **'먼저 엄마 자신이 빛나고, 그다음에 아이의 재능을 꽃피운다'**를 목표로 합시다.

'소소한 변화와 당연함'을 인정하는 언어로 아이의 의욕과 자신감을 끌어낸다

일상에서 직접 적용해 볼 수 있는 구체적인 방법 몇 가지를 소개해 보겠습니다.

① 눈에 보이는 작은 변화를 말로 표현한다

여기에는 '인정'이라는 코칭 기술이 사용됩니다. 인정은 칭찬할 거리가 생겼을 때 하는 것도 아니고, 누구와 비교해서 잘했을 때 하는 것도 아닙니다.

'아이의 존재 자체'를 인정해 주는 것입니다. 구체적으로는 '눈에 보이는 것', '소소한 변화'를 말로 표현하는 것입니다. 이는 '당신을 관심 있게 지켜보고 있어요'라는 메시지이기도 합니다.

가방이 무거워 보일 때는 "오늘은 가방이 묵직하구나!"

땀을 흘리며 집에 돌아왔을 때는 "땀에 흠뻑 젖었네?"

식사 전, 스스로 손을 씻고 오면 "깨끗이 씻고 왔구나!"

반복되는 일상이지만, 작은 단위로 나눠보면 아이는 매일 똑같지 않습니다. 의외로 많은 변화가 있습니다. 작은 변화를 눈치채주면, 아이는 자신을 존재감 있고 인정받는 사람이라고 느끼게 됩니다.

② 당연한 것도 말로 인정한다

칭찬할 거리를 찾기 힘들다면, 가만히 아이의 행동을 살펴보세요. 엄마가 지금까지 의식하지 못했을 뿐이지, 아이가 스스로 알아서 하고 있던 일들이 보일 것입니다.

여기서 추천하고 싶은 것은 당연하다고 생각했던 일들을 말로 인정해 주는 것입니다.

예를 들어 아이가 아침에 일어나서 학교 갈 준비를 하고 있으면 "○○, **지금 학교 갈 준비하는구나.**"라고 인정해 줍니다. 당연한 것을 인정할 뿐이므로 매일 어렵지 않게 표현할 수 있습니다.

③ 아이의 좋은 점은 바로 칭찬한다

아이의 좋은 점은 그 즉시, 그 자리에서 칭찬하는 것이 철칙입니다. 그럼 아이는 나중에 칭찬을 듣는 것보다 몇 배 더 기쁘게 느낍니다.

아이가 아침에 일어나서 큰 소리로 "안녕히 주무셨어요?"라고 인사하면, 엄마는 바로 "목소리가 굉장히 씩씩한데! ○○가 큰소리로 인사해서 엄마도 기분 좋은 아침이 되었어. 고마워."라며 칭찬해 줍니다.

④ 구체적으로 칭찬한다

아이가 좋은 일을 할 때 아이의 개성을 크게 칭찬해줍니다. 놀이터에서 아이가 동생을 안아서 그네에 앉혀주면 "○○는 정말 멋있는 오빠네, 동생에게 다정하게 대해줘서 고마워!"라고 아이가 어떻게 훌륭한지 구체적으로 칭찬해 주세요.

엄마와 쇼핑을 하러 가서 짐을 들어주면 "○○는 정말 힘이 세구나! 무거운 물건도 들 수 있다니 대단해!"라고 아이의 힘에 대해 칭찬합니다.

이렇게 **구체적으로 자신의 장점에 대해 칭찬을 듣는 아이는 자기긍정감이 높아집니다.**

아이의 의욕과 자신감을 끌어내는 방법

1 아이의 작은 변화에 대해 말로 표현한다.
2 당연한 일도 인정해 준다.
3 좋은 점은 그 자리에서 칭찬한다.
4 어떤 점이 좋았는지 구체적으로 칭찬한다.

2장

엄마의 마음 저축 방법 키워드는 '아이의 마음 저축'

마음 저축은 '마음의 풍요로움'과 '마음의 여유'를 쌓는 것

마음 저금통에 긍정적인 마음이 쌓이면

발전적인 파워가 올라간다!

우리는 모두 마음 저금통을 가지고 태어납니다. 엄마가 된 여러분도 어릴 때부터 쭉 모아온 마음 저금통을 가지고 있습니다.

마음 저금통에 모이는 것은 돈이나 물건이 아닙니다. 그것은 **인간으로서 누릴 수 있는 '풍요로움'과 '여유'입니다. 그리고 엄마라면 '육아를 즐길 수 있는 감정'입니다.**

'자기긍정감'을 높이는 마음 저축

마음 저축은 매일 즐거운 일이나 기쁜 일이 있을 때마다 조금씩 쌓여가는 시스템입니다.

'잠든 아이의 얼굴은 정말 사랑스럽다', '아이의 웃음소리를 들으면 덩달아 기분이 좋아진다', '노력하는 아이의 모습을 보고 있노라면 감동이 밀려온다', '맛있는 음식을 먹으니 행복하다', '단풍이 물든 가을 산은 정말 아름답다'.

위와 같은 기분이 들면 뇌에서 3대 신경 물질 중 하나인 도파민이 분비되고, '즐겁다(쾌감)', '좋다(긍정감)' 등의 감정이 촉진됩니다. 그 결과 마음 저금통에 풍요로움과 여유가 저축됩니다.

다수의 심리 연구자들이 마음 저금통 잔고가 많아지면 마음이 풍요로워지고, 자기긍정감과 자기평가가 높아진다고 말합니다.

'자기긍정감'이란 단점을 포함하여 자신을 긍정적으로 받아들이고 인정하는 힘이라고 정의할 수 있습니다. 예를 들어, '나는 나를 좋아해!', '나는 가장 소중한 존재야!'라고 생각하고 느끼는 것입니다.

자기긍정감이 높은 사람은 하루하루를 즐겁게 느끼고, 도전심과 의욕이 충만합니다. 어려운 과제에 직면하거나 고난이 닥쳐도 쉽게 좌절하지 않고, 극복하고자 하는 강인함을 갖추고 있습니다.

자기긍정감이 높으면 외적·내적 스트레스에 쉽게 무너지지 않고, 곧 자신다움을 되찾습니다. 따라서 자기긍정감이 높은 엄마는 육아도 긍정적으로 임할 준비가 되어 있습니다.

하지만 불행히도 좋은 기분과 행복한 감정은 영원하지 않습니다. 집안일, 육아, 업무 중 한 가지라도 뜻대로 되지 않으면 스트레스가 쌓이고, 마음 저금통에 구멍이 생겨 '풍요'와 '여유'가 새어 나갑니다.

엄마의 마음을 저축하려면 어떻게 해야 할까?

먼저 **아이를 키우면서 마음을 저축하기는 쉽지 않다**는 점을 인지하시길 바랍니다.

출산 후, 엄마는 모든 에너지를 아이를 위해 쏟을 수밖에 없습니다. 온종일 아이를 돌보는데 전력을 다하지요. 이 상태는 오랜 기간 지속됩니다. 당연히 기력이 거의 소진되고, 스트레스가 쌓입니다. 그리고 짜증이 올라오기 시작합니다. 한 번씩 짜증이 날 때마다, 엄마의 마음 저축도 하나씩 줄어듭니다. 이는 육아가 짜증이 유발되기 쉬운 시스템이기 때문입니다.

육아를 직장 업무라고 가정해 봅시다. 밤늦은 시간까지 야근이 이어지고 있으니 그에 상응하는 보상을 월급이나 수당으로 받게 되겠지요. 발생한 수입으로 여행, 쇼핑, 외식을 즐길 수도 있습니다.

하지만 육아가 시작되면 여가를 즐기거나 자신을 돌볼 시간이 없습니다. 시간과 행동 범위가 모두 아이 중심으로 변합니다. 특히 아침저녁으로 '빨리빨리'를 외치며 밥을 먹이고, 학교나 유치원 등하교에 신경 써야 합니다. 특히 영유아는 잠시도 눈을 뗄 수가 없지요. 쉬는 시간이 급격히 줄어들고, 마음 저금통 잔고도 계속 줄어듭니다.

이런 상황에 놓여 있으니 짜증이 나는 것은 당연합니다. 다른 엄마들 사정은 어떤지 알 수 없으니, 나만 늘 화나 있는 것 같기도 합니다. 밖에서 만나는 다른 엄마들은 하나같이 상냥하고, 세련되고 멋진데, 왜 나는 이렇게 몸과 마음이 너덜너덜한지, 자신을 비하하게 됩니다. 그리고 나는 좋은 엄마가 아닌 것 같다는 자책감마저 느껴집니다.

자신을 칭찬함으로써 마음을 저축한다

그럼 엄마의 마음을 모으려면 어떻게 해야 할까요?

바로 '자기 자신을 칭찬하기', '자신의 마음속 이야기에 귀 기울이기'입니다.

업무 분야에 가정주부나 엄마 직군이 있다면, 업무량으로 봤을 때 높은 급여가 책정되어야 마땅합니다. 하지만 현실의 엄마들은 무보수로 항상 전력을 다해 육아에 임하고 있습니다. 그런데도 칭찬해 주는 사람은 극소수이거나, 아예 없기도 합니다.

남편, 할아버지, 할머니 모두 아이에게는 '착하다, 귀엽다, 잘한다'라며 칭찬과 애정을 한껏 건네지만, 정작 아이를 힘들게 키우고 있는 엄마에게는 그다지 신경을 쓰지 않습니다. 그러니 스스로 칭찬해야 합니다.

'내가 나를 칭찬하라니, 자기만족인가?'라는 생각이 들 수 있지만, 그렇지 않습니다. 자신의 노고를 있는 그대로 인정하고 칭찬함으로써 긴장감과 스트레스를 완화하고, 에너지를 재충전할 수 있습니다.

지금, 이 순간부터 '나 칭찬' 시간을 가져봅시다. 예를 들면, 오늘 내가 한 일을 말로 칭찬합니다.

"오늘 세탁기를 두 번이나 돌렸어! 나는 정말 대단해!"

이를 코칭 용어로 '셀프토크'라고 합니다. 셀프토크를 통해 자신을 격려하고 용기를 북돋아 주면, 자기긍정감이 높아집니다. 그리고 마음도 저축되지요.

처음에는 쑥스러워서 말이 잘 안 나오고, 부정적인 말들이 먼저 튀어나올 수도 있지만, 우리의 목적은 자신을 인정하고 칭찬하는 것입니다. 의식적으로 자신을 말로 칭찬하는 시간을 습관화합니다. 그리고 한 단계 더 나아가 보상도 줍시다.

"나, 정말 잘했어! 상으로 케이크를 먹어 보자!"

지금 이 글을 말로 해보세요.

"나, 한 걸음씩 앞으로 나아가고 있어! 칭찬해!"

마음이 조금 흡족해지지 않나요?

집안일이나 업무를 끝낸 후에도 습관적으로 자신의 노고를 칭찬합니다.

"나, 해냈구나! 드디어 다 끝냈네? 잘했습니다!"

그리고 잠깐이라도 자신을 위한 시간을 보내세요. 좋아하는 영상을 봐도 좋고, 음악을 듣거나, 과자를 먹어도 됩니다. 그런 작은 보상이 다음으로 나아갈 힘을 줍니다.

아이에게 칭찬을 받는 것도 효과적이다

만약 아이가 엄마의 말을 이해할 수 있는 나이라면, 아이에게 자신(엄마)을 칭찬하는 말을 하도록 유도하는 것도 좋습니다.

예를 들어, 밥을 해주며 "엄마 최고지? 이렇게 맛있는 볶음밥도 만들 수 있다?"

소소한 대화와 칭찬을 많이 나누는 가정 분위기라면 아이는 바로 "엄마 대단해! 맛있어."라며 칭찬을 해줄 것입니다.

아이로부터 칭찬을 받으면 큰 기쁨을 느낄 수 있습니다.

더 나아가 엄마는 아이를 칭찬하는 것이 얼마나 중요한지 몸소 체험할 수 있게 됩니다.

마음 저축이 쌓이면 생기는 변화

1 긍정적인 에너지를 느낄 수 있다.

2 자신을 사랑하게 되는 '자기긍정감'이 높아진다.

엄마의 마음을 저축하는 방법

1 육아의 노고를 칭찬해 주는 사람이 없다면,
엄마 스스로 자신을 칭찬한다.

2 친구, 가족에게 마음을 터놓고 이야기한다.

엄마의 마음 저축이 줄어들지 않는 근본적인 방법

임시방편은 진정한 해결책이 아니다

앞서 엄마의 마음을 저축하기 위해서는 스트레스를 줄여야 하는데, 그러려면 마음에 쌓인 고민과 불안을 다른 사람에게 털어놓고, 노력하는 자신을 칭찬하는 것이 가장 좋은 해결 방법이라고 이야기했습니다.

지금 당장 어려움을 겪고 있는 엄마에게는 즉시 효과가 나타나므로 적극 추천합니다. 하지만 아쉽게도 이 방법에는 단점이 있습니다. 오래 지속되는 것이 아니라 임시방편입니다.

힘든 마음을 위로하고, 자신을 칭찬하면서 의욕을 북돋우면 기분이 어느 정도 개운해집니다. 하지만 고단한 육아 상황은 여전히 반복되고 있지요. 자신을 칭찬하면 기분이 좋아지는 이유는 뇌에서 도파민이 분비되기 때문입니다. 다만, 도파민 효과는 일시적입니다.

그럼 어떻게 해야 할까요?

마음이 새어나가는 구멍을 막는 근본적인 해결책이 있습니다. 그것은 '육아가 편해지는 것 = **아이의 마음을 저축**하는 것'입니다.

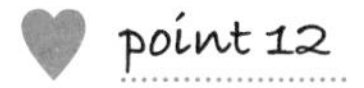

엄마의 마음 저축이 줄어들지 않게 하려면 '아이의 자립심'을 키워주어야 한다

1장에서도 언급했듯이 **육아는 엄마의 스트레스 요인에서 가장 큰 비중을 차지합니다.**

만약 육아 스트레스가 없다면 엄마는 편안한 생활을 영위할 수 있습니다. 일, 가족, 지인, 자기 자신에 대한 불만과 불안은 발산이 가능합니다. 좋아하는 일을 하고, 즐거운 시간을 보내면 어느 정도 힘든 감정을 잊을 수 있습니다. 그 자리에서 벗어나기만 해도 기분 전환이 됩니다.

그런데 육아는 그럴 수 없습니다.

지금 눈앞에 있는 아이가 무슨 생각을 하는지, 뭘 원하는지 알 수 없는데, 하물며 아이의 감정을 다스리기란 매우 어려운 일입니다.

그렇다고 스트레스를 풀러 엄마 혼자 여행을 간다거나, 우는 아이를 두고 맘 편히 낮잠을 잘 수도 없는 일이지요.

그러니 육아 스트레스는 엄마로서 당연히 감내해야 하는 걸까요? 엄마의 마음 저축은 계속 줄어들 수밖에 없는 걸까요?

아니오, 그렇지 않습니다.

'아이의 마음을 저축'하면 엄마에게 지워진 육아의 무게를 줄일 수 있습니다. 실제로도 많은 엄마의 육아 고민을 해결하는 데 큰 효과를 발휘하였습니다.

육아 스트레스의 가장 큰 원인은 아이들이 엄마의 말을 듣지 않기 때문입니다. 성장기 아이들은 종종 엄마 인내심의 한계를 넘나드는 말과 행동을 거침없이 하지요.

아이에게 엄마를 힘들게 하는 말과 행동을 줄이고, **'자립심'을 키워주면 엄마의 육아는 좀 더 편해지고 즐거워질 수 있습니다. 그럼 자연스럽게 마음 저축도 줄어들지 않게 됩니다.**

아이의 마음 저축을 늘리는 다섯 가지 법칙과 대책

엄마의 마음 저축을 가장 빠르게 늘리는 방법은 **육아에서 엄마의 스트레스를 없애는 것 = 아이의 마음 저축을 늘려 자립심을 키워주는 것**입니다.

그럼 어떻게 아이의 마음을 저축할 수 있을까요? 아이의 마음 저금통은 엄마의 것과 조금 다릅니다.

아이는 저축해 둔 마음이 빠져나가거나 부족하면 다양한 방법으로 호소합니다. 그 호소가 직구면 그나마 다행이지만, 아이들은 때때로 커브나 변화구 그리고 마구를 던지기도 합니다.

어른들은 아이가 그러는 이유가 마음 저축이 부족하기 때문이라는 사실을 간과하기 쉽습니다. 아이의 호소를 오해하거나, 그대로 방치하면 아이의 마음 저축이 새어나가고 불안감을 남길 수 있습니다.

아이의 마음 저축
5가지 법칙

1
마음 저금통 잔고가
줄어들면 의욕을
잃기 시작한다.

2
지금부터 마음을
저축해 두지 않으면
나중에 청구서가
날아온다.

3
마음 저축이
부족하면 일부러
혼날 일을 벌인다.

4
조건없는 애정을
쏟으면 저금통
잔고가 많아진다.

5
마음 저축은 만능.
문제 해결보다
마음저축이 지름길이다.

 point 13

'아이의 마음을 저축하는 다섯 가지 법칙'을 기억하자

① 마음 저금통 잔고가 줄어들면 의욕을 잃기 시작한다

마음 저금통 잔고가 부족한 아이는 긍정적이고 의욕적으로 행동하면, 에너지가 고갈된다는 불안감에 에너지를 쓰지 않고 보존합니다. 그 상태가 되면 타인에게 잘할 수 없게 되지요.

"착하게 행동해."라고 말해도 그 의미를 이해하지 못하기 때문에 행동에 변화가 없습니다.

그럴 때는 우회 전략을 써야 합니다. 아이가 정서적으로 안정되어 있을 때는 **긍정적인 플러스 소통으로 아이의 마음을 저축**합니다.

그렇지만 육아 특성상 엄마의 잔소리와 화를 동반하는 상황이 벌어지기 마련이므로 결국 마이너스 소통이 되기 쉽습니다. 그럼 어떻게 하면 좋을까요?

엄마가 '할 수 있을 때' 아이와 플러스 소통을 하면 됩니다.

엄마의 마음 저축이 넉넉한 상황이어야 아이의 마음 저축도 늘려줄 수 있습니다. 아이 마음이 안정되면 엄마의 말을 잘 들어주게 되어 결과적으로 화낼 일이 줄어듭니다.

② 지금부터 마음을 저축해 두지 않으면, 나중에 청구서가 날아온다

아이 마음 저축은 몇 살부터 시작하면 좋을까요?

유아~초등학교 저학년 시기에는 꼭 시작하는 것이 좋습니다. 이 시기를 놓치면, 더 큰 노력이 필요해집니다. 마음 저축은 아이의 연령이 올라가면서 자연스럽게 쌓이는 것이 아닙니다. 아이가 몇 살이든 상관없이 애정을 쏟아야 하기 때문입니다.

부모의 사랑을 충분히 느끼지 못하고 자란 아이는 사춘기 이후, 이자를 더한 부족분을 제대로 청구해 옵니다. 마치 '당신의 애정 10년분을 받지 못했습니다'라는 듯이요.

게다가 사춘기 아이는 말로만 그러는 것이 아니라 반항이라는 다소 격한 방식으로 부모의 에너지를 빼앗으러 옵니다. 그리고 부모의 사랑을 받을 때까지 포기하지 않습니다. 아이가 영유아~초등학생 시기일 때 차곡차곡 저축해 둬야 나중에 크게 청구되는 상황을 방지할 수 있습니다.

③ 마음 저축이 부족하면 일부러 혼날 일을 벌인다

아이는 부모가 무관심하고 자신을 돌봐주지 않는다고 느끼면 일부러 혼날 행동을 합니다.

아이는 "사랑해, ○○는 엄마에게 가장 소중한 존재야."라는 말을 듣고 싶고, 더 보듬어주길 바랍니다. 하지만 지금까지 엄마의 행동을 지켜봐 왔지만 그렇게 해주지 않았고, 앞으로도 그럴 가능성이 별로 없다라는 판단이 들면 무시당하는 것보다 낫다는 생각으로 혼날 게 뻔한 행동을 합니다.

아이도 어른도 가장 싫은 것은 무시당하는 것입니다. 아이가 일부러 혼날 법한 행동을 한다면 '무시하지 말고 날 좀 봐줘'라는 사인으로 받아들이고, 즉시 아이의 마음을 채워줍시다.

④ 조건 없는 애정을 쏟으면 저금통 잔고가 많아진다

아이가 무언가를 해내면 칭찬하는 것은 당연합니다. 그러면 아이는 칭찬을 듣는 것이 기뻐서 그 행동을 계속하게 됩니다.

아기였을 때는 서기만 해도, 걷기만 해도 좋아해 주던 엄마였는데, 자랄수록 점점 칭찬의 허들이 높아집니다. 부모는 '이 정도는 당연히 해야지!'라고 생각하고, 아이도 그것을 인정하게 되면서 칭찬받기가 점점 더 어려워집니다.

아이가 어느 정도 크면, 성과를 냈을 때만 칭찬할 것이 아니라, **잘하든 못하든 아이의 존재 자체를 인정해 주는 것이 중요**합니다. 바로 조건 없는 애정을 쏟는 것이지요.

예를 들면, "땀을 뻘뻘 흘릴 정도로 신나게 놀았네?", "달리기가 빨라졌네!"처럼 아이가 보이는 소소한 변화를 감지하고 말로 표현합니다.

그리고 **'사랑해', '넌 소중한 존재야', '나는 네 편이야'**라는 **마법의 말 3종 세트**를 전합니다.

육아에는 이심전심이 없습니다. 사랑은 반드시 말로 표현해야 합니다. 그럼 아이는 '엄마는 나를 인정한다'라고 느끼고 마음이 든든해집니다.

⑤ 마음 저축은 만능! 문제 해결보다 마음 저축이 지름길

"우리 아이는 ○○를 안 해요. 어떻게 하면 좋을까요?" 라며, 아이의 문제 행동에 대해 구체적인 해결 방법을 제시해달라는 엄마들이 많습니다.

아이의 문제 행동별로 구체적인 대응책을 세우기보다 먼저 엄마와 아이의 마음 저금통부터 채우길 권합니다.

자동차가 도로 한가운데 멈춰 섰을 때 있는 힘을 다해 뒤에서 미는 것보다 휘발유를 넣고 달리게 하는 편이 빠릅니다. 마찬가지로 지금 눈에 보이는 열 가지 문제에 각각 대응하는 것은 본질적인 해결책이 아닙니다. 임시방편일 뿐이지요. 대신 엄마와 아이의 마음을 저축하면 아이가 점점 좋은 방향으로 변화합니다.

그 이유는 **아이에게 가장 중요한 자기긍정감이 높아져서 아이의 능력 전체가 향상되기 때문입니다. 질병이 발생한 후 대처하는 치료법이 아니라 평소에 질병에 걸리지 않는 몸을 만드는 것과 같습니다.**

경험상, 두세 달이면 엄마와 아이 모두 변화를 느낄 수 있습니다. 왠지 직접적이지 않고 바로 해결하는 것보다 귀찮을 것 같지만, 아이의 문제 행동이 눈에 보일 때는 마음을 저축하는 것이 가장 빠른 지름길입니다.

아이의 마음을 저축하는 다섯 가지 법칙과 대책

1 마음 저축이 줄어들면 아이는 의욕을 발휘하기 아까워한다. '플러스 접근'으로 마음을 저축하자.

2 지금부터 마음을 저축해 두지 않으면 나중에 청구서가 날아온다. 유아~초등학교 저학년 시기에는 시작하자.

3 마음 저금통 잔고가 부족하면 아이는 일부러 혼날 행동을 한다. 아이가 자기를 무시하지 말고 봐달라고 보내는 신호라고 생각하자.

4 아이에게 무조건적인 애정을 쏟으면 아이의 마음 저축이 쌓인다. 잘하든 못하든 아이의 존재 자체를 인정하는 것이 중요하다.

5 마음 저축은 다양한 육아 문제를 해결할 수 있는 만능 해결책이다! 아이의 마음 저축을 늘려두면 결국 엄마가 편해지고 스트레스도 줄어든다!

아이의 마음 저축을 늘리는 '접촉 접근법'

사람은 누구나 마음 저금통을 가지고 태어납니다. 그리고 아이는 엄마와의 접촉을 통해 마음을 차곡차곡 저축합니다. 저금통에 모인 마음이 많아지면 아이에게서 극적인 변화가 나타나기 시작됩니다.

다른 사람을 돕거나, 공부를 열심히 했을 때 등과 같이 무언가를 해냈을 때 칭찬하는 것을 '조건부 접촉'이라고 합니다. 교육이나 훈육에서는 엄마가 '말과 행동'으로 아이를 칭찬하는 것이 매우 중요합니다. 하지만 어떤 일을 성취했을 때만 칭찬한다는 것은 반대로 말하면 성취하지 못하면 칭찬할 수 없다는 의미도 됩니다.

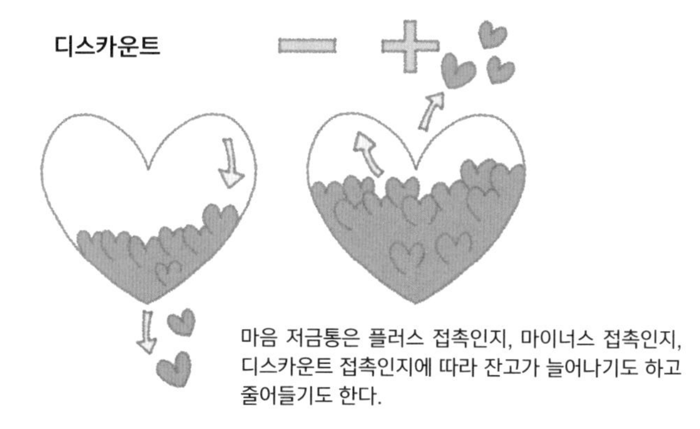

마음 저금통은 플러스 접촉인지, 마이너스 접촉인지, 디스카운트 접촉인지에 따라 잔고가 늘어나기도 하고 줄어들기도 한다.

"엄마를 도와주다니, 착한 아이네.", "수학 100점 받았네! 훌륭하다.", "혼자서 다 했구나. 대단해!"와 같은 **조건부 칭찬이 익숙한 환경에서 자란 아이는 엄마가 무엇을 기대하는지 읽어내고 그것을 완수하고자 항상 엄마의 표정과 반응을 살피면서 생활하게 됩니다.**

그런 아이는 엄마의 기대에 부응하지 못하면 야단을 맞거나, 자신의 존재가 부정당한다고 느낄 수 있습니다.

무조건적인 접촉으로 아이의 마음 저축을 늘리자

우리는 태어날 때부터 조건 없이 쏟아주는 애정을 원합니다. 그 순수한 마음에 답하는 것이 아이의 마음을 저축하는 핵심입니다.

조건을 달지 않고 "나는 너의 있는 그대로를 무척 사랑한다.", "나는 무조건 네 편이다.", "태어나 준 것 자체로 매우 기쁘다."라며 아이 존재 자체를 인정하고 사랑을 말로 전달하는 것이 중요합니다. 이것이 바로 '무조건적인 접촉'입니다.

그럼 아이도 '엄마는 아무 조건 없이, 본연의 나 그대로를 인정해 주는구나'라며 안심하게 됩니다. 어른인 우리도 그런 지지를 받으면 자신감이 샘솟겠지요. 하물며 아이는 어떨까요?

무조건적인 지지와 사랑을 토대로 아이는 자신감을 키우고 외부 세계를 향해 의욕적으로 나아갈 수 있습니다. 그리고 자신을 아끼고, 타인을 배려하는 상냥한 마음이 자라납니다.

무조건적인 애정을 아낌없이 받고 자란 아이는 마음을 얼마든지 모을 수 있는 튼튼하고 막강한 저금통을 보유하게 됩니다.

마음 저금통은 눈에 보이진 않지만, 저축한 마음의 양이 넉넉할 때는 아이에게서 그 사인이 나타납니다. 아이의 표정이 밝아지고, 웃는 얼굴을 많이 볼 수 있게 되지요. 아이의 표정을 세심하게 관찰하고, 아이의 마음 저축 상태를 가늠해 봅시다.

스킨십은 '플러스 접촉', 마음 저축이 늘어난다

아이의 마음 저축에 유용한 '플러스 접촉'을 활용해 봅시다. 바로 '**아이와 하루에 세 번 신체 접촉하기**'입니다.

① **아침에 아이를 깨울 때 안아주기**

② **아이가 외출하거나 귀가했을 때 쓰다듬어 주기**

③ **아이가 잠들 때 옆에 누워 어루만져 주기**

아이가 엄마와 신체적 접촉을 하면, 뇌에 직접적으로 '기쁨'의 감각이 전해집니다. 아이는 엄마가 이유를 따지지 않고 자신을 소중히 여기고 있다는 것을 느낄 수 있기 때문에 마음이 많이 모입니다.

아침을 예로 들어볼게요. 아이를 깨우면서 잠이 덜 깬 아이를 안고 등을 쓰다듬어 주고, 아이의 머리를 빗겨주며 "머리가 찰랑찰랑 윤기가 나네."라고 말해 주고, 아이가 등교할 때 잘 다녀오라고 인사하면서 머리를 쓰다듬어 줍니다. 그리고 "다 컸네, 엄마가 한번 안아보자."라고 말을 건네며 안아주세요.

따스하게 어루만져 주기, 뺨을 쓰다듬어 주기, 어깨를 토닥여 주고 손을 잡아 주는 것 등 어떤 것이든 다 괜찮습니다. 그저 웃는 얼굴로 아이를 어루만져 주세요.

플러스 접촉을 충분히 받고 자란 아이는 마음 저축이 많이 쌓여 있기 때문에 다양한 분야에서 열정을 발휘할 수 있습니다. 비록 실패하더라도 충분한 애정을 받고 자라서 마음이 강하고, 여간해서는 부러지지 않습니다.

또한, **아이는 엄마와의 플러스 접촉을 늘리는 방법을 자연스럽게 터득하게 되고, 차츰 많은 사람에게 사랑받는 매력의 소유자로 성장해 갑니다.**

플러스 접촉

정서적 접촉

경청하다, 고개를 끄덕이다, 맞장구치다, 인정하다, 긍정적으로 대답하다, 이름을 부르다, 인사하다, 소소한 변화나 눈에 보이는 것들을 말로 전달하다, 감사를 전하다, 미소 짓다, 지켜보다, 믿고 맡기다, 성장을 기뻐해 주다, 관심을 표현하다, 같이 놀아주다

신체적 접촉

안다, 업다, 손잡다, 머리를 쓰다듬다, 옆에서 함께 자다, 몸을 비벼주다, 어깨를 토닥여주다, 목마를 태우다, 수유하다, 뺨을 어루만져주다, 마사지해주다, 머리를 빗질해주다, 무릎에 앉히다, 신체적으로 밀착하다

'마이너스 접촉'은 아주 조금만

마이너스가 되는 접촉도 있습니다. 마이너스라고 해서 나쁜 것은 아닙니다.

육아에서는 마이너스 접촉도 필요할 때가 있으므로 플러스 건 마이너스 건 모두 마음을 저축하게 됩니다.

그러나 마이너스 접촉 시간이 길어지면 아이의 마음이 점차 불안정해지므로 길게 끌면 안 됩니다.

'디스카운트'는 아이의 마음에 상처를 입히는 위험한 행위

마음 저축에 관해 한 가지 더 알아 두어야 할 것이 있습니다. 바로 '디스카운트'입니다.

꾸짖거나 주의를 주거나 교훈적으로 설교하는 것은 아이를 위한 마이너스 접촉입니다. 반면, '디스카운트'는 잔소리를 늘어놓으며 감정을 상하게 하기, 빈정거리기, 비꼬기, 헐뜯기, 무시하기, 무관심한 척하기, 따돌리기와 같이 마음에 상처를 입히는 언행을 말합니다.

이러한 **디스카운트 접촉은 마음 저금통 바닥에 구멍을 내고 애써 지금까지 모은 마음을 새어나가게 합니다. 그뿐만 아니라 아이의 인격을 훼손할 위험도 있습니다.**

차근차근 마음을 저축하면 확실한 결과가 난다

'아이가 의젓하고 침착하면 좋겠다'처럼 엄마들에게는 다양한 바람이 있습니다. 하지만 매일 목청 높여 아이를 질책한다고 해서 바람이 이루어지지는 않습니다.

육아는 급할수록 돌아가야 합니다. 우선 아이의 마음을 차근차근 모아서 긍정적인 방향으로 개선하도록 합시다.

디스카운트 접촉

정서적 접촉

잔소리를 늘어놓다, 일부러 불쾌감을 주는 말을 하다, 빈정거리다, 무시하다, 따돌리다

신체적 접촉

때리다, 걷어차다, 폭력을 행사하다, 세게 밀치다

마음 저축 육아는 완만한 그래프를 그리면서 서서히 좋아지는 운동과 같습니다. 천천히, 조금씩, 확실하게 아이의 의욕과 자신감을 키워줍니다.

아이가 어리다면 효과가 매우 빠릅니다. 매일 조금씩 마음을 저축하다 보면, 대략 한 달 후부터 아이가 긍정적인 방향으로 변하게 됩니다. 그러면 엄마의 마음 저축도 계속 쌓이기 때문에 선순환이 일어납니다. 실제 상담 현장에서 관찰한 결과, 대부분 3개월 이내에 효과가 나타났습니다.

마음 저축 육아는 성장한 아이에게도 적용할 수 있습니다. 중학생, 고등학생, 그 이후도 가능합니다. '자녀의 이야기를 끝까지 경청한다, 눈에 보이는 변화를 말로 이야기해 준다' 등 아이가 성장해도 해줄 수 있는 일들은 많이 있습니다. 육아에 너무 늦은 것은 없습니다.

'어린 애도 아니고 다 큰 아이를 굳이 보듬고 애지중지하며 키우는 것이 맞을까?'라는 걱정이 들 수도 있습니다. 그러나 애지중지하는 것과 응석을 받아주는 것은 다릅니다.

애지중지하는 것은 '매우 좋아한다'라고 애정을 말로 전하고 스킨십을 하는 것입니다.

이것은 플러스 접촉입니다. 이것은 아이가 원하는 만큼 충분히 주어도 좋습니다. 부족하면 마음이 불안정한 아이로 자랍니다.

반면 응석을 받아주는 것은 물건이나 돈으로 아이의 환심을 사거나 아이가 하는 것을 기다리지 못하고 앞질러 해버리는 것입니다. 아이는 응석을 받아줄수록 엄마의 사랑에 만족하지 못하고 요구를 멈추지 않게 됩니다.

플러스 접촉으로 아이를 변화시키는 방법

1 상냥하고 친밀하게 대한다

2 아이와 눈을 마주하고 이야기를 경청한다

3 함께 무언가를 한다

4 자녀가 제안을 해오면 인정하는 말로 화답한다

5 아이가 자립적으로 행동하면 인정하고 크게 기뻐하며 '고맙다'고 감사의 마음을 전한다

'플러스 접촉'은 부부 관계에도 효과적이다

어른인 우리들도 타인으로부터 인정받는 플러스 접촉을 추구하며 살아갑니다. 다만, 어른들 간의 플러스 접촉은 신체적 접촉이 아닌 소통 방식입니다. 웃는 얼굴로 인사하며 안부 묻기, 상대방의 이야기를 진지하게 들어주기 등이지요.

가정에 플러스 접촉이 자연스러운 분위기로 자리 잡으면, 부부 사이에도 마음 저축이 쌓이고 가족 간에 친밀해집니다. 사소한 다툼이나, 서로 팽팽하게 고집을 내세우는 일이 줄어들고, 육아에 대한 의견 차이로 부부끼리 얼굴 붉힐 일도 점차 사라집니다.

저금통이 새는 경우도 있다

엄마의 마음 저축이 계속 줄어들면 결국 부채가 발생합니다. 그럼 아이의 의욕이 떨어지고, 아이에게 지은 부채를 상환하기까지 시간과 수고가 늘어납니다.

마음의 부채로부터 도망갈 수도 없습니다. 내 자식이라는 빚쟁이가 쫓아옵니다. 부채를 늘리지 않거나, 상환하거나 둘 중의 하나입니다. 어차피 도망칠 수 없다면 더 큰 빚이 되기 전에 마음을 저축할 것을 권합니다.

이 마음 저축은 이율이 최고입니다! '내 자식의 의욕'이라는 이자가 배로 붙습니다.

 point 20

마음 저축 잔고가 많으면, 아이는 자립하기 위한 노력을 시작한다

아이의 의욕을 북돋아 주는 마음 저축은 간단명료한 사고방식을 육아에 적용하면 됩니다. 바로 마음 저금통에 수입을 늘리고 지출을 줄이는 것이지요. 마음 저축에 수입이 많아서 상대적으로 지출이 적으면 아이의 문제 행동이 줄어듭니다.

마음 저축 수입이 줄어들면 아이의 문제 행동이 늘어납니다. 임시변통으로 아이를 변화시켜봐야 일시적으로 끝나고 맙니다. 아이가 마지못해 올바른 행동을 보여주는 듯하지만, 곧 원래대로 돌아갑니다.

평소에 꾸준히 아이의 마음을 저축합시다. 아이는 저금통에 잔고가 많으면 마음이 안정되어 엄마 말을 잘 듣습니다. 그리고 일상생활과 학업 등에서 자립하기 위한 노력을 시작합니다.

'나는 사랑받고 있고, 나는 괜찮은 사람이다'라고 느끼는 자기긍정감을 키워가고 때문입니다.

아이가 성장하고 세상으로 나아가기 위해서는 열심히 노력할 수 있는 의욕과 에너지가 필요합니다. 그 에너지의 원천은 마음 저축입니다.

아이의 마음 저축을 늘리는 접촉 요령

1 '너를 좋아해', '너의 편이야', '태어나줘서 고마워' 등 아이의 존재 그 자체를 인정하는 '무조건적 접촉(애정)'에 진심을 다한다.

2 친밀한 스킨십과 상냥한 음성으로 대화를 하는 '플러스 접촉'이 효과적이다.

3 '마이너스 접촉'는 조금만 하고, '플러스 접촉'보다 늘리지 않는다.

4 아이의 몸과 마음에 상처를 주는 '디스카운트'는 마음 저축을 줄이는 위험한 행위이니 주의한다.

아이가 사춘기가 되면 마음을 저축하기에 늦은 걸까?

아이 마음 저축은 영유아~초등학생 시기에 꼭 해야 한다고 말씀드렸었습니다. '이미 아이가 사춘기에 접어들었으면 마음 저축은 포기해야 하는 건가?'라는 생각이 들 수 있습니다.

다행히도 그건 아닙니다. 사춘기 자녀의 마음 저축은 조금 특별한 기술이 필요할 뿐입니다.

초등학교 고학년~고등학생까지 대략 8년 정도가 사춘기입니다. 사춘기에 접어들면 부모가 아이를 통제하기 어렵습니다.

사춘기는 10년간의 육아 결과를 마주하는 시기입니다. 이전까지 마음 저축 육아를 하고 있었다면 아이가 사춘기가 되어도 반항의 강도가 거세지 않습니다.

하지만 **아이의 마음이 저축되지 않은 상태라면 '더는 기다려 줄 수 없어! 나를 있는 그대로 인정하고 적절한 관계를 맺어 줘!'라며 반항의 형태로 호소합니다.**

부모가 지금까지 고압적인 육아를 해왔다면 반격을 받게 됩니다. "분명히 예전에는 말도 잘 듣고 공부도 잘하던 아이였는데, 갑자기 부모의 말을 안 듣고, 아무것도 안 하려고 든다."라며 고민을 토로하는 부모님들도 많습니다.

사춘기 아이의 반항이 거세지 않다면 둘 중 하나입니다.

첫째, 부모가 아이에게 위압적인 태도를 취하지 않았기 때문에 아이도 심하게 반항하지 않습니다.

이 경우는 부모의 양육과 아이의 성장 모두 적절하기 때문에 걱정할 필요가 없습니다.

둘째, 부모가 위압적이거나, 방임적인 경우입니다.

이 경우의 아이들 대부분은 부모에 대한 반항심이 강합니다. 하지만 반항을 표현할 경우 부모로부터 외면당하거나, 마음에 더 큰 상처를 입을 가능성이 크다고 판단하면, 굳이 표현하지 않고 자신을 보호하려고 합니다.

이러한 심리 상태가 왜곡되면 부모가 없는 곳에서 반사회적인 행동, 심하면 약한 사람을 집단으로 괴롭히거나 청소년 범죄 등으로 이어질 위험이 있습니다. 위축된 마음을 거친 행동으로 표현함으로써 마음의 균형을 맞추려는 것입니다.

사춘기 아이와의 어색하고 힘든 관계를 개선하고 싶다면, 먼저 엄마와 아이 사이의 심리적 거리를 좁혀 봅시다. **아이를 바꾸겠다는 마음보다는 성인기를 향해가는 아이의 개성을 인정한다는 마음을 '행동'으로 보여줘야 합니다.**

요구와 간섭을 줄이고, 아이가 좋아하는 것을 해주고, 아이의 관심사를 들어 주면서 아이의 결핍된 마음을 채워줍니다. 앞서 언급한 것처럼 아이가 몇 살이건 플러스 접촉을 통해 마음 저축을 늘릴 수 있습니다.

아이는 인정받으면 자신감이 샘솟고, 융통성이 생기며, 꼬인 데가 없어 부모가 안심하고 지켜볼 수 있게 됩니다.

사춘기 자녀와 심리적 거리를 좁히는 방법

1 전적으로 아이의 편에서 이야기를 들어주기
2 아이의 눈높이에 맞춰서 대화하기
3 애지중지하는 마음을 말과 행동으로 표현하기
4 아이가 좋아하는 음식 해주기

Check colum

아이에게 과도하게 화를 냈다고 생각되면 미안하다고 사과해야 한다

아이가 잘못된 행동을 했을 때 꾸짖는 것은 당연하지만, 감정이 누그러지지 않아서 계속 화를 내는 수가 있습니다. 많은 엄마가 자신의 감정을 제어하지 못해서 고민이라고 이야기합니다.

우리 마음속에는 '이것만은 절대 용서할 수 없다!'라는 분노의 지뢰가 있습니다. 그 지뢰를 아이가 밟는 순간 감정이 폭발하게 됩니다. 결국 아이를 호되게 혼내고, 뒤이어 자책합니다. 하지만 자신을 비난하면 에너지도 방전되어 버립니다. **육아 중인 엄마는 자신을 탓하고 있을 틈이 없습니다. 담대한 엄마가 되어야 합니다. 아이에게 바로 사과하면 됩니다.**

아이에게 사과함으로써 '네가 싫어서 화낸 것이 아니다'라는 마음을 전할 수 있습니다. 지나치게 화를 내면 아이는 '엄마는 내가 싫은가 봐. 그래서 자꾸 화가 나나 봐'라며 착각합니다.

또 하나, 아이는 엄마의 태도를 보며 '잘못을 했을 때는 어떻게 사과해야 하는지'를 배우게 됩니다. **아이들은 엄마가 사과하는 방법을 보면서 그대로 본받습니다.** 말주변이 좋은 아이는 "엄마 말이 너무 심하잖아!"라고 대꾸할 수도 있습니다. 그럴 때는 "맞네. 엄마가 심했어. 미안해."라고 대답합시다. 그럼 아이의 서운한 마음도 금방 풀릴 것입니다.

엄마! 이건 꼭 체크해 주세요!

3장

아이의 자기긍정감을 높이는 방법 엄마가 감정적으로 화내지 않는 방법

마음이 모이면 아이 성장에 필수적인 '자기긍정감'이 자란다

'자기긍정감'은 '의욕'의 토대가 되는 감정으로 아이 성장에 필수적인 힘이 됩니다.

아이가 따돌림을 이유로 학교에 가기 싫어하면 엄마의 고민이 커집니다. 아이가 따돌림을 당하지 않는 방법과 대처법을 알려드리기에 앞서 꼭 강조하는 것이 있습니다.

자신감이 있는 아이(자기긍정감이 높은 아이)는 따돌림을 당할 확률이 낮습니다.

따라서 근본적인 해결책은 아이의 자기긍정감을 높이는 것 = 마음 저축을 늘리는 것입니다.

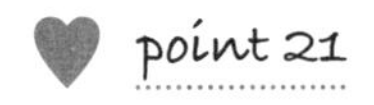

'자기긍정감'을 키우는 3단계 소통 방법

아이의 마음을 늘리려면(자기긍정감을 키우려면) '소통을 늘리는 것'이 중요합니다.

간단한 대화를 주고받는 것부터 시작합니다.

예를 들어 아이가 학교에서 체육 대회를 준비하는 기간이라면 "연습하느라 고생이 많구나.", "다들 많이 힘들겠다."라며 아이의 상태를 살피고 말을 건넵니다. 그리고 아이의 대답에 "아~ 그렇구나."라고 호응하며 소통을 이어갑니다. 캐치볼을 하듯 대화를 주고받는 과정에서 아이의 마음 저축이 늘어나고 자기긍정감도 높아집니다.

직장에 다니고 있어 아이의 귀가를 맞이할 수 없는 엄마라면 엄마가 먼저 본인의 상태를 이야기해 보세요. "엄마 다녀왔어! 오늘 너무 덥더라. 엄마 얼굴이 좀 탄 것 같지 않아?" 등의 잡담으로 대화를 시작하면 됩니다.

소통의 형태는 크게 3단계로 나눌 수 있습니다.

1단계는 **'잡담'**입니다.

대화를 통해 '나는 항상 너를 바라보고 있어', '나는 너의 존재 그 자체를 인정해'와 같은 마음이 전달됩니다.

2단계는 **'함께 하기'** 입니다.

요리, 놀이, 운동, 독서 등 함께 하는 것이면 무엇이든 괜찮습니다. 이때 정서적·신체적 플러스 접촉이 필요합니다.

3단계는 **'교섭'** 입니다.

엄마가 아이에게 가장 하고 싶은 이야기를 전하는 것으로 레벨이 좀 높습니다.

교섭의 형태를 띤 훈정이나 상담은 엄마와 아이 사이에 마음의 가교가 놓여있지 않으면 결렬되기 마련입니다. '잡담'과 '함께 하기' 단계를 건너뛰고 곧장 "왜 ○○ 하지 않는 거야?"와 같은 바로 대답하기 어려운 대화를 나누기는 쉽지 않습니다.

먼저 아이가 꺼내놓는 "나 오늘 무지 화났었어.", "엄청 맛있었어." 등의 잡담에 엄마는 고개를 끄덕이며 "그랬구나."라고 대답해 줍니다.

아이의 이야기에 수긍했을 뿐인데도 아이는 '내 존재가 긍정적으로 받아들여졌어', '인정받았어'라고 생각합니다. 이 생각이 자기긍정감을 높이는 것으로 연결되고 아이의 마음은 다음 단계로 성장하게 됩니다.

아이와의 소통을 늘리는 3단계 방법

1단계: 잡담

아이를 바라보며 '나는 항상 널 바라보고 있다'라는 마음이 전달 될 수 있도록 대화를 주고받는다.

2단계: 함께 하기

대화와 더불어 정서 및 신체적 접촉을 한다.

3단계: 교섭

위의 두 단계를 거쳐야 비로소 엄마가 꼭 하고 싶은 말을 아이에게 제대로 전달할 수 있다.

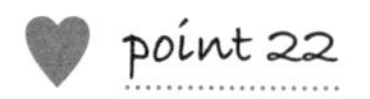

'자기긍정감'을 키워 마음을 튼튼하게 다진다

엄마로부터 '플러스 접촉'을 받은 아이는 마음 저금통에 풍요로움과 여유가 차곡차곡 쌓이고, 자기긍정감이 지리 납니다. 반면, 저금통에 모인 마음 잔고가 적거나 줄어들기만 하면 자기긍정감도 낮아집니다.

마음 저금통이 가득 차면, 마음이라는 지반에 자기긍정감이 든든한 기둥으로 버티고 서 있기 때문에 아무리 큰 집을 지어도 거뜬합니다.

마음 지반이 약하면, 자기긍정감이라는 기둥이 버티고 서 있을 수 없습니다. 경미한 지진이나 태풍에도 집이 흔들려 안심하고 살 수 없게 되지요.

가족에게 소중한 존재로 인정받아야 자신을 소중히 여기고 남을 배려하는 사람이 된다

자기 자신을 좋아하지 않으면 다른 사람을 신뢰하지 못하고 유대관계도 맺지 못합니다. 자기 자신을 좋아하려면 어릴 때부터 다른 사람들에게 사랑받고, 소중한 존재로 인정받는 경험을 축적해야 합니다.

사회로 나가 자립하기 위해서는 많은 사람의 도움이 필요합니다. 소중한 사람으로 인정받아본 경험이 있는 사람은 다른 사람들과 사랑과 신뢰를 주고받는 사람이 됩니다.

설령 실패하더라도, 주변 사람들과 협력하여 다시 시작하는 힘을 발휘합니다. 우리 아이들이 '사람은 신뢰할 수 있다'라고 생각하는 건강한 어른으로 성장하였으면 좋겠습니다.

자기긍정감이란?

1 자신의 결점과 단점도 포함해서 스스로를 좋아한다.
2 자신은 소중히 여겨질 가치 있는 사람이라고 생각한다.

엄마가 이유 없이 화를 내면 아이의 자기긍정감이 낮아진다

엄마의 분노 90%는 불필요하다

여러분은 자신이 화를 잘 내는 엄마라고 생각하시나요? 1장에서 엄마의 스트레스에 관해 이야기했다시피, 엄마는 많은 부담감을 안고 있기 때문에 스트레스가 쌓이기 쉬운 상태입니다.

"똑바로 좀 해.", "이젠 엄마도 몰라, 네 맘대로 해.", "또 틀리면 어떡해! 몇 번이나 가르쳐 준 거잖아!", "시끄럽다고 몇 번을 말해야 알아들을 거야!", "엄마는 매번 너한테 맞춰주려고 노력하는데, 너는 도대체 왜 엄마 말을 안 듣는 거야?"

여기저기서 엄마의 분노와 불만에 가득 찬 비명이 들리는 듯합니다. 하지만 곧이어 아이를 몰아치면서 심하게 혼낸 자신을 탓하는 엄마의 탄식도 들리는 듯합니다. 소중한 자식임에도 육아 중에는 이런 패턴이 반복됩니다.

자신을 탓하게 되는 것은 '이렇게까지 화낼 필요가 있었을까?'라는 의문을 가지고 있기 때문입니다. 그렇습니다.

엄마가 터트리는 분노의 대부분은 사실 불필요합니다.

하지만 육아는 미완성 생물인 아이와 365일 24시간 쉬지 않고 지내는 것입니다. 그러다 보니 아이의 결점들이 눈에 띄고, 아이에게 고함을 치게 됩니다. 아이가 무탈하게 자라길 바라는 부모의 바람이 있는 한편, 아이에 대한 적절한 대응법을 모르기 때문입니다.

 point 24

'화내지 말고, 알기 쉽게 전달한다'로 마이너스 사고를 멈춘다

지금까지 아이의 자기긍정감을 키워주는 것이 얼마나 중요한지 강조했습니다. 엄마가 자주 화를 내면 자기긍정감을 키우기 힘듭니다.

혼나고 있는 아이는 자신을 열등한 사람이라고 생각하게 됩니다. '뭘 해도 잘하지 못하고, 나는 안 되나 봐'라는 마이너스 사고가 생겨납니다. 자기 자신을 싫어하게 되는 것이지요.

미숙하거나 실패하는 것은 그 아이의 인격 때문이 아님을 엄마가 이해해 주세요.

아이가 문제 행동을 했을 때는 무엇을 잘못했는지, 어떻게 해야 했는지 알기 쉽게 설명해 주세요.

그리고 잘못된 행동이었지만, 반복하지 않으면 괜찮다고 말해 주십시오. 결코 아이가 자신의 인격을 부정하지 않도록 엄마가 세심하게 주의해야 합니다.

아이를 혼내야 할 때는 '위험한 행동을 했을 때'와 '남에게 폐를 끼쳤을 때'뿐이다

아이를 혼내야 될 때는 다음의 두 가지 상황만 해당한다고 말씀드리고 싶습니다.

- **위험한 행동을 했을 때**

- **주위에 민폐를 끼쳤을 때**

그 외에 버릇없이 굴거나 늦장 부리는 등의 문제는 아이의 자기긍정감을 키워주면 큰 폭으로 줄일 수 있습니다.

화를 내지 않아도 아이가 말을 듣게 할 방법을 고안하면 불필요하게 야단칠 일이 줄어듭니다.

엄마들은 크고 신축성 좋은 인내심 주머니를 가지고 있지만, 육아를 감내하는 과정에서 이미 빵빵해진 상태입니다. 그러니 화를 더 꾹꾹 누르면서 아이를 혼내지 않고 참기란 매우 어려운 일입니다. 결국 아이의 사소한 행동이 바늘이 되어 엄마의 인내심 주머니를 터트리게 되지요.

인격을 무시하지 말고, 잘못한 일만 꾸짖는다

엄마가 화를 내는 이유는 아이의 문제 행동 때문입니다. 아이의 문제 행동을 줄이기 위해서라도 자기긍정감을 높이는 것이 무엇보다 중요합니다.

자기긍정감이란 '자신을 소중한 존재라고 생각하는 것'입니다. 그러니 아이를 야단칠 때는 "정말 너는 안 되는구나!"와 같은 인격을 무시하는 표현은 절대 삼가고, **"바닥에 물건을 버리면 안 돼."처럼 아이가 한 일(행위)을 꾸짖도록 유의해야**

합니다.

마음 저축으로 자기긍정감을 키우는 요령

1 잡담→함께 하기→교섭하기 단계로 소통을 늘린다.

2 가족의 사랑을 받고 자라면 자신을 소중히 여기고 남을 배려하는 사람으로 성장한다.

3 아이를 혼내야 할 순간은 '위험한 행동을 했을 때', '주변에 폐를 끼쳤을 때'뿐이다.

4 야단칠 때는 한 일(행위)을 꾸짖는다. 절대로 인격을 무시하지 않는다.

엄마가 화내지 않고 대화와 행동으로 아이의 자기긍정감을 높여주는 놀라운 기술

'나 전달법'으로 엄마의 마음을 구체적으로 말하기

앞서 엄마는 신축성 좋은 인내심 주머니를 가지고 있다고 이야기했습니다. 그래도 아이를 올바른 방향으로 이끌어 주기 위해서는 나쁜 것은 나쁘다고 가르치는 엄한 훈육도 필요합니다.

핵심은 그 방법이 아이에게 있어 마이너스 사고가 되지 않도록 해야 합니다. 아이의 문제 행동을 교정하되, 자기긍정감도 높여주는 훈육 방법이 있다면 얼마나 좋을까요?

다행히도 그런 방법이 있습니다. 지금부터 알려드릴게요.

훈육할 때, 엄마가 아이에게 원하는 바람이나 요구가 강하면, "넌 왜 엄마를 이렇게 힘들게 하는 거야!", "너도 이제 장난감을 가지고 놀았으면 정리할 수 있잖아! 왜 계속 어지르기만 하는 거야!"처럼 다소 거친 어조로 이야기하게 됩니다.

이렇게 **말의 주체를 아이로 놓고 '너'로 말을 시작하는 것을 '너 전달법(You-message)'이라고 합니다.**

대부분의 엄마들은 화가 나면 이런 방식으로 이야기할 것입니다. 하지만 **'너 전달법'으로 말을 하면 아이는 자신이 비난받고 있다고 느낍니다.**

"똑바로 해!"도 주어를 넣으면 "너 똑바로 해!"이므로 '너 전달법'입니다.

앞으로는 말의 '주체'를 아이인 '너'에서 엄마인 '나'로 바꿔주세요. '엄마'로 말을 시작하는 것을 '나 전달법(I-message)'이라고 합니다.

"엄마는 ○○의 도움이 필요한데, 도와줄래?", "엄마가 계속 장난감을 정리하니까 좀 힘들다."처럼 **'엄마'를 주체로 서술하면 엄마의 말투와 표현이 달라지고, 아이도 비난받는 기분이 들지 않습니다.**

'나 전달법'을 사용하면 엄마가 정말로 말하고 싶은 바가 제대로 전해지기 때문에 아이가 이해하기 쉽고, 엄마가 바라는 대로 아이의 행동을 유도할 수 있습니다.

덧붙여서 저는 제 아이들을 양육할 때도, 학교에서 상담사로 근무할 때도 '나 전달법'을 사용합니다. 제가 말하고 싶은 바를 상대방에게 제대로 전달하고 싶기 때문입니다.

'나 전달법'으로 대화를 시작하면 아이의 귀가 열립니다. 아이는 엄마의 말을 진심으로 들어 주고, 엄마가 전달하고자 하는 말의 의미를 올바르게 이해해 줍니다.

그리고 엄마가 '곤란하다, 힘들다, 어려움을 겪고 있다'라는 표현도 괜찮습니다. 아이는 엄마를 매우 좋아하기 때문에 엄마를 도와주고 싶다고 생각합니다.

"엄마가 지금 청소를 해야 하는데, 바닥에 장난감이 너무 많아서 정리하기 힘드네."라고 말하면 아이는 '그렇구나, 엄마를 도와야지'라고 생각합니다. 바로 이어서 "엄마랑 같이 정리해 줄 거야? 고마워."라며 아이의 행동을 인정해 줍시다.

그렇게 엄마가 원하는 방향으로 아이를 유도하고, 즉시 행동에 옮겨 깨끗하게 정리합니다. 깨끗해진 공간을 보고 아이의 표정이 밝아지면 엄마의 기분도 좋아집니다.

바로 이어서 "깨끗해졌네! 다 ○○ 덕분이야."라고 아이의 행동을 칭찬해 주면 됩니다. 이것은 방을 정리하는 상황을 예로 든 것이니, 다른 여러 상황에도 '나 전달법'을 활용하여 아이의 의욕을 끌어내 주십시오.

'나 전달법'과 '너 전달법'의 차이

너 전달법

'너(아이)'를 대화의 주체로 하면, 아이를 비난하는 말투가 되기 쉽다.

나 전달법

'나(엄마)'를 대화의 주체로 하면, 엄마가 원하는 것을 구체적으로 전달할 수 있고, 아이도 납득한다.

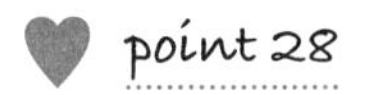

엄마가 화내지 않아도 되는 '유비무환! 3단계' 전략

한 가지 더 추천할 만한 방법이 있습니다.

바로 '**유비무환 3단계**'입니다. 말 그대로 미리 준비해 두면 근심 걱정이 없어지는 3단계 전략이지요.

자, 찬찬히 생각해 봅시다.

어떤 상황일 때 아이에게 화가 나나요?

대부분은 "그만 좀 했으면 좋겠어!", "왜 저러는지 이해가 안 가네!"라고 말할 만한 행동들을 아이가 아무렇지도 않게 하거나, 몇 번이고 반복할 때 아닐까요?

감정을 억제할 수 없고, 짜증이 나서 무심코 불쑥불쑥 말을 해 버리게 될 때도 있지요.

그럴 때는 '유비무환! 3단계' 전략을 사용합니다.

아이와 마트에 가는 상황을 예로 들어 봅시다. 마트는 공원처럼 넓고, 여러 가지 물건들이 많아서 아이에게는 최고의 놀이터입니다. 하지만 아이가 뛰어다니다가 다른 사람들과 부딪치거나, 물건을 떨어트리고 부술까 봐 노심초사할 수밖에 없습니다.

그래서 아이에게 미리 당부해 두는 것입니다.

유비무환 3단계 전략

1

'미리' '지켜야할 것'을 이야기 한다.

"마트에서 꼭 지켜야 할 게 뭐였지?"

2

아이가 지켜야 할 '바람직한 행동'을 이야기한다.

"엄마 옆에 붙어서 잘 따라오면 안심이 될 것 같아."

3

엄마의 감정을 '나 전달법'으로 아이에게 이야기한다.

"엄마는 ○○가 옆에 붙어 잘 따라오니까 안심이 되고 좋아!"

[1단계]

마트에 들어가기 전, 아이가 지켜야 할 것이 무엇인지 반드시 묻습니다.

엄마: “엄마랑 마트에 갈 건데, 꼭 지켜야 할 게 뭐지?”

아이: “엄마 옆에 있어야 해!”

[2단계]

아이가 지켜야 할 ‘바람직한 행동’을 말해줍니다. 단, ‘뛰어다니지 않는다’와 같은 부정어를 목표로 제시하지 않습니다.

엄마: “그래, ○○가 엄마 옆에 있어 준다니까 안심이 된다.”

엄마: “사야 할 물건은 카트에 넣어.”

[3단계]

‘나 전달법’으로 엄마의 감정을 전달합니다.

엄마: “엄마는 ○○가 가까이 있으니 안심되고 즐거워.”

‘화를 내지 않아도 아이가 말을 듣게 하는 육아’는 ‘바람직한 행동’을 ‘먼저’, ‘구체적’으로 전하는 것입니다.

미리 당부했어도 잊기 마련인데, 미리 말해두지도 않으면 애초에 의식도 하지 않습니다. 게다가 잘못된 행동을 하고 있다고 생각하지도 않습니다.

아이가 엄마와의 약속을 지키고 있으면, 수시로 미소를 지으며 "오, 정말 훌륭한데!", "역시 멋져!", "대단한걸!", "잘하네!"라고 아이를 칭찬합니다.

완벽을 목표로 하지 말고 조금이라도 좋은 점이 있으면 반드시 칭찬해 주세요. 아이는 바람직한 행동을 하면 엄마가 반드시 인정해 준다는 것을 알게 되고, 그것을 습관화하려고 합니다.

아이가 떼를 쓰면, 우선 '긍정적으로 듣는다'

아이의 입장에서 생각해 봅시다. 엄마가 옆에서 코치처럼 나를 이끌어주고, 상담자처럼 나를 이해해 준다면 얼마나 든든하고 좋을까요?

코치는 선수가 목표 달성까지 최단 거리로 향할 수 있도록 질문과 경청 등의 기술을 사용하여 이끌어 가는 사람입니다. 선수는 목표를 향해가는 과정에서 결과를 확신할 수 없기에 수시로 걱정스럽고 불안한 마음이 듭니다. 걱정과 불안이 많으면 '마음의 브레이크'가 되어 목표를 달성하는데 어려움을 겪게 됩니다.

그럴 때 코치는 선수의 마음에 놓인 무거운 짐을 내려주는 차원에서 선수의 이야기를 그저 전적으로 들어주는 것이 우선입니다. 이는 육아에도 적용됩니다.

아이가 떼를 쓸 때는 무조건 부정하는 것이 아니라 우선 아이의 이야기를 받아들입니다. **구체적으로는 맞장구를 쳐주고 고개를 끄덕이면서 아이의 이야기를 반복합니다.**

아이가 "과자 먹고 싶어!"라고 떼를 쓰면 "과자 먹고 싶지?"라며 아이의 말에 부정도 잔소리도 하지 않고 담담하게 반복합니다. 시간이 다소 걸리지만, 차츰 아이는 엄마가 자신의 말을 듣고 있음을 알고, 마음이 진정됩니다.

만약 엄마가 큰 소리로 혼을 내면 아이는 엄마에게 자신의 존재를 부정당했다고 착각합니다. 원하는 것을 얻어 내지도 못한 마당에 혼나기까지 한 아이는 울분이 나고 서운한 감정으로 치닫게 됩니다. 그래서 과장될 정도로 날뛰거나 울음을 터트리는 것이지요.

엄마가 아이에게 코치이자 상담자가 되어주면, 아이는 자신에게 강력한 후원자가 있다고 느끼고 마음이 든든해집니다.

엄마는 화나지 않고, 아이는 자기긍정감이 높아지는 대화법

1 엄마가 주체가 되는 '나 전달법'으로 말하면 아이는 비난받는 기분이 들지 않는다.

2 엄마가 원하지 않는 행동을 아이가 하지 않도록 예방하는 차원에서 '미리' 아이가 지켜야 할 '바람직한 행동'을 '나 전달법'으로 말한다.

3 아이가 떼를 쓰면 맞장구, 끄덕임 등으로 호응하며 우선은 '긍정적으로 듣고' 아이의 말을 반복한다.

아이들은 '칭찬'이 아니라, '인정'을 받음으로써 성장한다

'아이들은 칭찬을 먹고 자란다'

모든 엄마가 알고 있는 명언이지요. 하지만 매일 반복되는 육아 속에서 새로운 칭찬거리를 찾기는 쉽지 않습니다. 그럼 어떻게 하면 좋을까요?

 point 30

아이들은 칭찬보다 인정을 받아야 변화한다

'칭찬'보다 '인정'하려고 노력하는 것이 바람직합니다.

'칭찬'은 주로 아이가 전보다 나아졌을 때 이루어집니다.

그러나 실제로 아이는 어제보다 오늘 나아지는 경우가 적고, 매일 실수를 반복합니다.

'인정'이란 아이의 모습 그대로를 받아들이는 것을 말합니다. 예를 들어 '눈에 보이는 것', '사소한 변화'를 말로 표현합니다.

쉬울 것 같지만, 아이를 유심히 보고 있지 않으면 할 수 없습니다. 바쁜 일상을 살아가느라, 아이가 어떤 표정으로 무엇을 하고 있는지 놓치거나, 기억 못 할 때가 많습니다.

아이들은 엄마가 자기를 지켜봐 주고 있다는 느낌만으로도 마음이 편안해집니다.

인정한다는 것은 '나는 항상 너를 바라보고 있어', '나는 너에게 관심 있어'라는 메시지입니다.

아이의 존재를 인정하는 대화와 '세 가지 마법의 말'

초등학생 자녀에게는 "오늘 가방이 유난히 무겁구나. 고생이 많네."라는 말로 학교생활을 열심히 하고 있는 아이를 인정해 줍니다.

"요즘에는 해가 빨리 지네.", "손이 차가워졌구나.", "오늘 엄마는 ○○가 전화해줘서 좋았어. 고마워.", "내일은 날씨가 맑을 거래. 다행이지?"라며 엄마의 느낌이나 감정도 말로 표현해 봅시다. '나 전달법'을 사용하여 구체적으로 표현하면 더 효과적입니다.

1 **엄마는 ○○가 너무 좋아.**

2 **엄마는 언제나 ○○ 편이야.**

3 **엄마는 ○○가 태어나줘서 감사해.**

엄마로부터 애정이 듬뿍 담긴 말을 들은 아이는 마음속 깊이 안정감을 느낍니다. 그렇게 아이는 엄마에 대한 신뢰가 쌓이고, 무슨 일이 생기면 엄마가 꼭 도와줄 것이라고 믿게 됩니다.

아이의 강점을 인정해주면 '자기긍정감'도 높아지는 '스타킹의 법칙'

'스타킹의 법칙'이라는 것이 있습니다. 스타킹은 한쪽을 위로 당기면 다른 쪽도 함께 늘어나는 특성이 있습니다. 아이의 능력도 마찬가지입니다.

엄마가 아이의 강점을 이해하고 함께 즐기고 인정해 주면 아이의 '자기긍정감'이 높아집니다.

그럼 흥미롭고 놀라운 변화가 일어납니다. 아이들은 강점이 발전하면 할수록, 그다지 두각을 드러내지 못했거나 관심이 없었던 분야에 대해서도 스스로 동기부여를 하고 도전해갑니다.

설령 실패하더라도 크게 낙담하지 않고, 바로 다음 단계로 나아갈 방법에 대해 고민하고 다시 일어나는 강한 아이로 성장합니다.

엄마가 아이의 '약점 극복'에만 집중하다 보면 잔소리가 많아집니다. 그럼 아이의 '마음 저금통' 잔고가 서서히 바닥을 드러내게 되지요. 그 결과 아이는 문제 행동을 일으키고, 엄마는 더 혼내게 되는 악순환에 빠지게 됩니다.

아이의 존재를 인정하는 3가지 마법의 말

엄마는
○○를
정말 좋아해

엄마는
○○ 편이야!

엄마의
자식으로 태어나줘서
고마워!

 point 33

엄마가 '무엇?' 질문형으로 물으면 아이는 '스스로 생각하고 행동'하게 된다

대부분의 엄마는 아이가 스스로 생각하고 행동할 수 있는 사람으로 자라길 바랍니다.

어려움이 닥쳐도 이겨낼 수 있는 강인함을 가진 사람, 자기 생각에 확신을 가지고 행동에 옮길 수 있는 사람이 되길 바라지요.

그렇다면 **'아이 스스로 생각할 수 있는 질문하기'**를 제안하고 싶습니다.

예를 들어 "지금 무엇이 ○○를 힘들게(어렵게, 곤란하게) 하니?", "○○는 무엇을 하고 싶어?", "○○는 어떻게 하면 좋겠어?"라는 질문을 던집니다.

그리고 아이 나름의 사고방식을 제시해도 상관없으니 '스스로 생각하는 연습'을 하도록 유도합니다.

아이가 숙제를 시작하지 않는 상황을 가정해 봅시다.

- **"숙제 있어?"** (있다는 것을 알고 있어도 꼭 물어본다.)
- **"몇 시부터 숙제 시작할 수 있어?"**(스스로 결정하게 한다.)
- **"오늘 숙제는 뭐야?"**(아이들이 의외로 잘 기억하지 못하니 물어본다.)
- **"저녁밥 먹기 전까지 끝낼 수 있는 숙제는 뭐야?"**(숙제량이 많은 고학년용)

그래도 아무것도 안 하려고 할 때는…

- **"어떻게 하면 좋겠어?"**(결정을 유도하는 요령)

어쩌면 아이가 "모르겠어…."라고 대답할 수도 있습니다. 만약 그렇다면, 꼭 지금부터라도 스스로 생각하는 습관을 키워가도록 도와주세요.

아이들은 '경험'하지 않으면 '스스로 생각하고 행동'할 수 없습니다.

육아의 궁극적인 목표는 자녀의 '자립'입니다. 아이의 자립은 엄마의 마음을 저축하는 가장 큰 포인트입니다.

아이를 성장시키는(자기긍정감을 키워준다) '인정'의 기술

1 아이의 존재를 인정하는 '세 가지 마법의 말'

→ 네가 너무 좋아, 난 너의 편이야, 태어나줘서 고마워

2 장점과 강점을 인정하면 잘하는 것 이외의 분야에도 관심을 가지고 도전하게 된다.

→ 스타킹의 법칙

3 스스로 생각하고 행동하도록 유도한다.

→ '무엇?' 질문형 대화

아이의 자기긍정감을 높이는 체크 리스트

매일 체크할 수 있는 장소에 붙여 둡시다!

□ 경청하기

아이의 말에 호응하기(고개를 끄덕인다·맞장구친다)

아이의 눈을 마주 보며 듣는다. 떼를 쓰거나 투정을 부려도 우선 긍정적으로 듣는다.

□ 인정하기

눈에 보이는 아이의 상태를 말로 표현한다

"고생했어.", "깨끗하게 다 먹었네!", "땀을 많이 흘렸구나."

□ 질문하기

'왜'를 '무엇'으로 바꿔서 질문한다

'무엇?'을 물으면 아이는 비난받는다고 느끼지 않는다.

□ 칭찬하기 ①

성과 전체를 평가하지 말고 잘한 부분을 찾아 칭찬한다

아이의 그림이 전체적으로 서툴러 보여도, 잘한 부분을 찾아서 "구름이 너무 귀엽다.", "꽃도 이제 잘 그리네?", "나뭇가지를 잘 표현했구나!"

□ 칭찬하기 ②

노력을 칭찬한다

"줄넘기 열심히 하네!", "스스로 연습하다니 대단하다."

□ 플러스 접촉하기

아이를 어루만지며 상냥하게 말한다

머리를 쓰다듬거나, 어깨를 토닥여주거나, 손을 잡고 이야기하는 등 애정을 담은 접촉을 한다.

엄마! 이건 꼭 체크해 주세요!

4장

이럴 땐 어떻게 해야 할까?
모아둔 마음 저축은 이렇게 써요

아이가 말을 너무 안 들어요. 야단을 쳐도 무서워하는 것 같지도 않고, 아이의 고쳐지지 않는 행동 때문에 제가 점점 지쳐갑니다.

저희 아이는 부모의 말을 전혀 듣지 않아요. 몇 번이고 같은 행동을 빈복해서 야단을 치면, 가끔은 무서워하기는커녕 실실 웃기까지 합니다.
다른 사람의 말을 듣게 하려면 어떻게 해야 할까요? 아들이 말을 잘 듣게 하는 방법을 알려주세요. (7세 남아)

상대방이 내 이야기를 들어주지 않으면 '무시당하고 있다, 하찮게 여겨지고 있다, 존중받지 못하고 있다'라는 기분에 실망하고 좌절감을 맛보게 됩니다. 그리고 상대방에게 화가 나지요. 지금, 말하는 사람은 엄마이고, 들어주지 않는 사람은 아이입니다. 그래서 엄마는 아이에게 화를 내고 있지요. 그럼, 엄마의 말을 들어주지 않는다고 혼나는 아이의 마음속에서는 무슨 일이 일어나고 있을까요?

아이가 야단을 맞고 있음에도 생긋거리거나 배시시 웃는 이유는 당황스럽고, 엄마의 화를 그대로 받아들이

기 어렵기 때문입니다. 주변의 시선을 의식할 나이가 되면, 혼나고 있다는 사실이 부끄러워서 다른 사람들이 눈치채지 못하도록 웃으면서 얼버무리려고 합니다.

그것은 자기의 마음을 지키기 위한 방어 본능이라고 할 수 있습니다. 엄마에게 혼나고 있는 괴로운 사실을 마주하고 싶지 않기 때문에 그 고달픔을 외면하고자 대충 웃어 넘기려는 것이지요.

이런 경우는 **단지 '안 돼'가 아니라 '무엇을 하면 안 되는지' 내용을 세심하게 알려줍니다.**

예를 들어 동생을 때린 아이를 혼낼 때는 "동생을 때리면 안 돼."라고 말을 한 후, 구체적으로 무엇이 문제인지 말해줍니다. 그러면 아이는 엄마가 자신을 비난하는 것이 아님을 알게 되고, 정직하게 반성하는 단계로 수월하게 넘어갈 수 있습니다.

아이가 말을 듣지 않아서 야단을 맞을 때, 엄마를 똑바로 쳐다보지 못하는 것은 마음을 열지 못하는 이유가 있기 때문입니다.

아이와 시선을 맞추고 이야기를 들어주세요.
부모와 자식이 서로의 마음을 확인하는 것이 포인트!

우리 아이는 어지르기만 할 뿐, 물건을 제자리에 두는 법이 없습니다. 아이가 정리를 잘하도록 만들려면 어떻게 해야 할까요?

아이가 정리정돈을 전혀 안 합니다. 옷도 벗어 놓은 자리에 그대로 두고, 치약 뚜껑을 닫지 않는 것은 기본이며, 냉장고에서 음료를 꺼내 마시고는 식탁에 그대로 두고 가버립니다. 집이 계속 깨끗한 상태로 유지되면 아이도 정리에 익숙해지진 않을까 싶어 계속 정리해 주었습니다. 그래도 딸아이는 전혀 치울 기색이 없더군요. 야단을 쳐 봐도 그때만 치우는 척할 뿐 효과가 전혀 없었습니다. 번번이 언성을 높여야 하는 상황에 스트레스가 쌓여갑니다. (9세 여아)

'집이 깨끗하게 정리된 상태로 유지되면 아이도 정리에 익숙해진다'라는 생각도 일리가 있지만 지금 상황에서는 엄마만 정리 담당이 됩니다. 사람들은 에너지를 쓴 만큼 변화나 성과가 있으면 열심히 한 보람과 성취감을 느낍니다. 하지만 성과가 없으면 의욕이 급격히 저하되지요.

그게 육아 상황이라면 변화 없는 아이를 향한 어른의 분노 감정도 커집니다. 부모와 자녀의 마음 저축 모두 줄어들지요. 또한, 딸을 둔 엄마는 무의식적으로 자신의 어린 시절을 딸에 대한 '판단 기준'으로 삼는 경우가 많습니다.

딸도 자신과 마찬가지로 '할 수 있을 것이다', '할 수 있었으면 좋겠다'라고 생각합니다. 엄마는 어릴 때 정리를 잘하는 아이였는데, 딸이 정리를 잘하지 못한다면 그 차이가 스트레스로 다가옵니다.

동요 시인 가네코 미스즈의 〈나와 작은 새와 방울〉에는 '모두 다르고, 모두 좋다'라는 말이 나옵니다.

그렇습니다. 엄마가 할 수 있는 것은 아이도 똑같이 할 수 있다고 생각하면 안 됩니다. 아무리 부모와 자식 간이어도 사람은 모두 다르므로 할 수 있는 일도 모두 다릅니다. 부모는 자식에 대한 남다른 바람이 있기에 '모두 다르고, 모두 좋다'라는 생각이 마음에서 우러나오지 않지요.

하지만 **육아의 본질은 자식도 하나의 인간으로 인정하고, 부모와 아이의 다른 개성을 받아들일 수 있어야 합니다.**

아이는 정리하지 않아도 크게 불편하지 않습니다. 불편한 사람은 엄마뿐이지요. 불편하지 않은 딸에게 화를 내봐야 '엄마는 왜 화를 내지?', '엄마가 화내니까 나도 화가 난다'라고 생각할 뿐입니다. 엄마의 분노는 에스컬레이터를 탄 것처럼 고조되는데, 마치 적반하장처럼 아이도 화가 나는 상태가 됩니다. 상황이 반전되는 것이지요.

'불편한 사람(엄마)'이 '불편하지 않은 사람(아이)'에게 원하는 바가 있다면, 개방형으로 질문해야 합니다. **개방형 질문은 구체적인 대답이 필요할 때, '무엇을, 어떻게 해야 하는지'를 묻는 방식입니다.** "치약 뚜껑 닫으라고 했지?"와 같은 폐쇄형 질문은 '예', '아니오'라는 답변 외에는 얻을 수 없습니다.

하지만 개방형으로 질문하면, 상대방이 답변하기 위해 '무엇을 어떻게 해야 하는지' 생각하도록 유도할 수 있습니다. 예를 들어 "치약 뚜껑은 어떻게 하면 좋을까?", "주스를 먹고 나면 주스 병은 어떻게 하면 좋을까?"라고 **질문함으로써 아이가 머리로 생각하게 합니다. '개방형 질문은' 그 자리에서 아이를 훈계하는 것보다 아이의 문제를 개선하는 데 훨씬 효과적입니다.**

엄마가 "치워라."라고 말하는 것은 아이에게 어떻게 해

야 할지 답을 알려주는 것입니다. 엄마가 말하면 아이에게는 '남의 일'이 되고, 아이 스스로 "정리를 잊었다."라고 말하면 '자기 일'이 됩니다. '자기 일'이라고 생각해야 실행이 쉬워집니다.

아이를 통제하는 대신 마음을 저축한다는 생각으로 '아이의 이야기를 듣는다', '아이와 접촉한다', '아이를 인정한다'의 요령을 실천해 봅시다. 그렇게 하다 보면 아이의 정서가 안정되고, 그 영향으로 능력 전체가 끌어 올려지면서 아이에게 잠재되어 있던 능력이 발현됩니다.

정리를 잘하지 못했던 아이에게 자기긍정감을 키워주는 개방형 질문법을 사용하니, 평소에 자주 싸우던 동생의 장난감까지 치워주게 된 사례가 있었습니다. 정리를 잘하지 못했던 마이너스 부분이 0으로 올라오고, 한층 더 나아가 동생의 장난감을 정리해 주는 플러스 수준으로 변화했습니다. 2단계 승격이라는 큰 성과를 거둔 것이지요.

'왜 그래?'가 아닌 '어떻게 해야 할까?'라고 질문을 바꿔봅시다.

아이가 자기주장이 너무 강해요. 항상 억지를 부리고 떼를 심하게 씁니다. 어떻게 해야 할지 모르겠어요.

저희 아들은 자기주장이 너무 강합니다. 부모의 말에 긍정적으로 대답하는 일은 거의 없고, 늘 억지를 부리거나 불평을 합니다. 제가 아이 방을 청소하고 장난감을 정리하면 과도하게 화를 냅니다. 선물을 줘도 원한 게 아니라며 울어버립니다. 혹시 감정 조절에 문제가 있는 것은 아닌지 걱정입니다. 아들에게 어떻게 맞춰 줘야 할지 모르겠어요. (8세 남아)

제가 상담을 하면서 만난 엄마 중에는 어린 시절에 부모님께 자기주장을 거의 하지 않았고, 할 수도 없었다는 분들이 의외로 많습니다.

그런 경우, 나는 못 했는데 내 아이는 나에게 자기주장을 펼치는 것이 굉장히 당혹스럽습니다. '자기주장을 못 했던 어린 시절의 자신'과 '자기주장이 강한 자식을 상대해야 하는 엄마로서의 자신', 두 명분의 무게가 가슴을 짓누릅니다. 이럴 때는 아이가 가진 능력이 무엇인지 파악하는 것이 도움이 됩니다.

억지를 많이 부리는 아이들은 대체로 '언어 능력'이 높습니다. 자신의 불만을 말로 표현할 수 있는 대단한 아이지요.

언어 능력이 높은 아이에게는 언어로 접근하는 방법이 효과적입니다. "미니카로 자동차 경주장을 만들었구나! 멋지다!", "블록으로 튼튼한 3층 건물을 만들었네? 뭐 하는 곳일까?"

처럼 엄마의 관심과 애정을 말로 표현해 주세요.

그리고 자기주장이 강한 아이는 대체로 인정 욕구가 높아서, '나를 봐줘! 나에게 신경 써 줘! 나를 사랑해 줘!'라는 마음이 강합니다. 평소에 '엄마가 가장 사랑하는 ○○', '엄마의 최고 ○○'와 같이 **'소중하다는 표현+이름'으로 엄마의 애정을 확인 시켜 줍시다.**

아이가 유별나게 이상한 트집을 잡는 이유의 본질에는 엄마에게 인정받고 싶은 욕구가 있기 때문입니다. '아이가 인정받기를 원하고 있구나'라고 생각을 전환해 봅시다.

아이에게 '그러면 안 된다'가 아닌 '그렇구나'라고 호응한 후, 원하는 바와 이유를 물어봅시다.

또래 아이들과 다르게 우리 아이는 책에 전혀 관심이 없어요. 그림책에도 흥미가 없는 아이, 혹시 발달에 문제가 있는 건 아닐까요?

다른 아이들은 그림책을 좋아하던데, 우리 아이는 책에는 도통 관심이 없습니다. 제가 읽어줘도 집중하질 않아요. 우리 아이가 다른 아이들보다 늦어질까 봐 걱정입니다. 어떤 책을 읽히면 좋을지, 제가 어떻게 하면 책을 좋아하게 해 줄 수 있을지 알려주세요. (5세 남아)

혹시, 아이가 책을 읽지 않는 것뿐만 아니라 아이 교육 전반에 대해 불안감이 있진 않으신가요?

그림책을 좋아하는 아이들이 많긴 하지만, 실제로 아이들의 취향은 천차만별입니다. 그림책을 좋아하는 아이도 있고, 별 관심이 없는 아이들도 있습니다.

자녀 육아 방식의 문제가 아니라, '아이가 좋아하는가, 좋아하지 않는가'일 뿐입니다. 어떤 아이들은 레고 같은 블록형 장난감에 많은 관심을 보이지만, 어떤 아이들은 가지고 놀지 않습니다.

모든 엄마가 자녀 교육에 열의를 다하는 이유는 과연 우리 아이가 얼마나 잘하고 있는지 모르기 때문입니다. 그래서 그 기준을 '다른 아이와 비교하기'로 정하곤 합니다.

성인인 우리도 개인적 취향을 바꾸기 힘든데, 하물며 아이들이 좋아하는 것을 바꾸기는 어렵습니다.

억지로 아이의 취향을 바꾸려고 하기보다 **엄마의 관점이나 감정을 조절하면 육아의 성공률을 높일 수 있습니다.**

다른 아이와 비교하다 보면, 우리 아이를 제대로 볼 수 없습니다.

다른 아이와 내 아이의 차이만 보고 있으면 내 아이만의 장점을 찾을 수 없게 됩니다.

아이가 매사에 정말 느긋합니다. 집에서도 그렇지만 학교에서도 문제입니다. 제시간에 맞춰서 행동하게 하려면 어떻게 해야 할까요?

아이가 시간 개념이 전혀 없습니다. 제시간에 맞추는 법이 없어요. 학교에서도 이미 행동이 가장 느린 아이로 유명하다고 합니다. 제가 빨리하라고 다그쳐 봐도 나아지지 않습니다. 좋은 방법이 없을까요? 아이 성격은 밝고 활달한 편입니다. (10세 여아)

아이의 담임선생님 평가는 엄마에게 절대적이지요. 부모는 담임선생님 의견에 반박하지 못하고 받아들일 수밖에 없습니다. 선생님으로부터 아이에 대해 주의를 받으면 엄마는 불안해지고, 아이를 더 다그치게 됩니다.

시간을 보는 습관이 몸에 배어있지 않은 아이에게는 전용 시계를 준비해 주는 것이 좋습니다. '엄마가 나를 위해서 마련해 줬다'라고 생각하게 되면, 아이의 자기긍정감이 높아집니다.

아침 등교 준비를 할 때, 아이는 대략 무엇을 몇 시에 하면 될지 알고는 있습니다. 다만 행동이 따라주지 않을 뿐입니다. 그럴 때는 "지금 무엇을 해야 할 시간이지?"라고 일깨워 주는 방법을 추천합니다.

아이와 상의하여 ① 몇 시에 일어난다, ② 몇 시에 밥을 먹는다, ③ 몇 시에 옷을 갈아입는다, ④ 몇 시에 집을 나선다 등의

내용을 그림으로 준비합니다. 그림은 아이가 해야 할 행동을 직관적으로 알 수 있게 도와줍니다.

그림을 눈에 띄는 곳에 붙여두고 수시로 확인하도록 하여 '지금 무엇을 해야 하는지'를 스스로 생각하게 합니다.

아이가 직접 그리고, 글씨를 쓰도록 하는 것이 가장 좋습니다.

아이가 직접 그리고 쓰면 '자기 일'이지만, 부모님이 그리고 써 주면 '남의 일'이 됩니다.

시간을 정하는 부분만 부모님이 미리 생각해서 도와주세요.

시계를 보면서 시간과 행동 내용을 의논하여 결정해 봅시다.

오늘 시작했다고 해서 내일 당장 나아질 수는 없습니다.
아이들은 매일 작은 단계를 차근차근 올라갑니다.

담임선생님으로부터 아이 성격에 문제가 있다고 주의를 받았습니다. 아이는 침울해하고 있지만, 사실 저도 아이 성격이 걱정됩니다.

아이의 성격이 못됐다고 선생님께 주의를 받아서 힘들어하고 있습니다. 이유는 한 친구를 괴롭혔기 때문입니다. 그 친구에 대한 질투가 심하여, 친구의 책가방을 몰래 열어서 시험 점수를 알아내려고 하고, 친구의 만들기를 부순 일도 있었습니다. 친구에 대해 험담을 하고, 이간질하는 등의 행동 때문에 다른 친구들도 저희 아이를 멀리하고 있습니다. 어떻게 해야 못된 성격을 고칠 수 있을까요?

(11세 여아)

담임선생님께서 아이의 나쁜 점을 지적하면 부모로서는 큰 충격과 스트레스를 받게 됩니다. 엄마의 마음 저축도 새어나갈 수밖에 없지요. 그렇다고 엄마가 당황해서 아이를 다그치면 안 됩니다. 아이의 마음을 들여다봅시다.

친구의 책가방을 몰래 열어서 시험 점수를 알아내려는 아이는 인정 욕구가 상당히 강하다고 볼 수 있습니다. 만약 욕구가 충족되지 않으면 거칠어집니다. 아이가 질투심이 많다는 것은 자신이 엄마로부터 충분한 사랑을 받지 못한다고 느끼기 때문일 수 있습니다.

엄마는 아이의 잘못된 행동에 관해서는 나무랄 수밖에 없지만, **야단치는 것에서 끝나면 안 됩니다. '엄마의 소중한 딸, 엄마는 우리 ○○의 이런 점이 참 좋아'라며 아이의 좋은 점을 구체적으로 표현해줍시다.**

엄마의 애정을 듬뿍 받고 있다고 느끼면, 다른 아이를 질투할 필요가 점점 없어집니다. 야단을 칠 때도 아이에게 '왜 그런 일을 했는지' 물어보고, 아이의 이야기를 들어줍니다. 그리고 어떻게 해야 친구들과 진정한 우정을 쌓아갈 수 있는지 구체적으로 알려주세요.

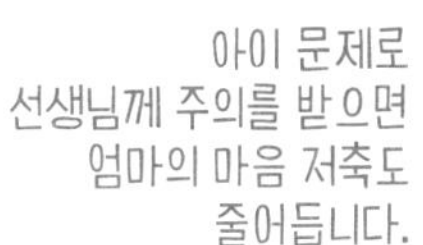

친구들이 싫어하는 행동을 하는 것은 주목받고 싶은 마음에서 비롯됩니다. 아이는 마음속으로 외로움을 느끼고 있을 수 있습니다.

하루에 세 번씩 '엄마에게 매우 소중한 딸'이라고 말해주세요. 구체적으로 표현하고 애정을 많이 쏟아주어야 합니다.

연년생 남자아이 둘이 수시로 때리고 차고 격하게 싸웁니다. 싸움을 그만두게 하는 방법이 없을까요?

초등학생 남자아이 둘을 키우고 있습니다. 형제간에 싸움이 심합니다. 멍이 들고 혹이 생기는 경우가 부지기수입니다. 아이들이 다치는 것도 걱정이고, 그만 좀 싸우고 서로 친하게 지냈으면 좋겠는데 전혀 말을 듣지 않습니다. 싸움을 그만두게 할 수 없을까요? (10세, 9세 남아)

나이가 비슷하고 성별도 같으면 자주 싸우기 마련입니다. 사실 아이들은 엄마를 사이에 둔 라이벌 관계입니다. 남자아이만 둘이면 엄마를 포함하여 삼각관계인 셈이지요. 그만큼 아이들에게 엄마는 최고 스타입니다.

아이들이 서로 피가 날 정도로 싸우면 엄마의 걱정이 커질 수밖에 없지만, 기본적으로 **형제간의 싸움은 문제 상황이 아닙니다.** 그러니 부모가 개입하여 적극적으로 싸움을 멈추게 할 필요는 없습니다.

부모가 아이 중 한 명에게 더 문제가 있다고 판단하고 개입하면 싸움을 건 쪽의 아이에게 불만이 생깁니다.

예를 들어 그 대상이 큰아이라면, 엄마가 동생을 더 좋아한다고 느끼고 질투심이 납니다. 동생 때문에 자신이 혼났다는 생각으로 분노가 더 활활 타오르지요. 그래서 더 격렬한 싸움으로 번지는 것입니다.

이때는 **먼저 큰아이의 말을 들어봅시다.** '동생에게 그렇게 화가 난 이유는 무엇인지', '그렇게까지 해야 할 이유가 무엇인지' 아이의 생각을 이야기할 기회를 주세요.

엄마가 아이의 이야기를 찬찬히 들어 주기만 해도 아이의 마음을 저축할 수 있습니다.

덧붙여, **때리고 차는 행동에 열을 올리게 되면 위험해집니다. 그럴 때는 아이가 아닌 '아이가 한 행위'를 꾸짖어야 합니다.**

예를 들어 '때리면 안 되는 거야!'라고 개입합니다. 그 외에는 부모가 개입하면 싸움이 길어집니다. 싸움을 무작정 말리지 말고 지켜보다가, 참견해 주세요. 그럼 아이의 마음을 저축할 기회가 됩니다.

무작정 형부터 야단치면 동생에게 불똥이 튈 수 있습니다.

형제의 싸움을 멈추려면, 첫째 아이의 마음속 이야기를 들어주고 아이의 마음을 저축하십시오.

아이가 낯가림이 심해서 항상 혼자 놉니다. 내년에 학교에 입학해야 하는데, 따돌림을 당하지는 않을지 걱정입니다.

아이가 유독 낯가림이 심합니다. 유치원에서도 혼자 있는 시간이 많고 친구들하고 잘 어울려 놀지 않습니다. 내년에 초등학교에 입학해야 하는데, 친구를 못 사귀면 어떡하나, 수업은 잘 따라갈 수 있을까, 따돌림을 당하지는 않을까 걱정입니다. (7세 남아)

아이가 초등학교 입학을 앞두면 부모로서 여러모로 신경이 쓰입니다. 만약 첫 아이라면 엄마 역시 처음으로 학부모가 되기 때문에 걱정이 많아지지요.

엄마에게 있어서 자식은 심장을 밖에 내놓은 것 같은 존재기 때문에 아이가 다른 사람들에게 괴롭힘을 당하면 엄마 본인이 괴롭힘을 당하는 것보다 괴롭습니다.

아이는 자신을 투영한 또 다른 존재라고 생각하기 때문에 아이가 고통받는 상황을 상상하면 참기 어렵지요.

혼자서 노는 것을 좋아하는 아이는 대부분 그게 문제라고 생각하지 않고, 불편해하지도 않습니다. 게다가 나서기 싫어하는 아이에게 '앞에 나서서 말해라'라고 강요하기는 무리가 있지요.

그보다 **엄마가 아이와 함께 감정을 말로 표현하는 놀이를 시도해 보는 방법은 어떨까요?**

저는 '간질간질 작전'을 추천합니다. 아이에게 간지럼을 태우면 아이는 참지 못하고 숨이 넘어갈 정도로 까르르 웃으며 "싫어. 그만해. 간지러워. 하지 마."라며 감정을 말로 표현합니다. 그 분위기를 이어서 가족에게 감정을 표현하는 연습으로 이어갑니다.

학교는 엄마가 일일이 아이를 따라다니면서 이럴 때는 "싫어, 안 돼! 그러지 마!"라고 말해야 한다고 알려줄 수 없습니다. **가정에서 먼저 아이가 싫은 것은 '싫다'라고 말할 수 있는 분위기를 만들어 줍시다. 가족 안에서 이런 종류의 상호작용을 가능하게 해 주면 아이는 자신의 감정을 드러내는 방법을 배우게 됩니다.**

걱정이 커지면 그에 비례해 스트레스도 커지기 마련입니다. 그래 봐야 마음만 피로해질 뿐입니다. '지금', '엄마가 할 수 있는 것'을 먼저 시도해 보세요.

일반적으로 외부보다는 가정이 더 편하기 때문에 가족에게 먼저 감정을 표현하는 훈련을 해 봅시다.

'간질간질 작전'과, '이건 싫어요' 놀이를 통해 '싫다'라고 당당하게 말하는 연습을 하도록 합시다.

아이들이 말썽을 부리면 짜증부터 납니다. 어떻게 하면 감정을 다스리고 평정심을 유지할 수 있을지 알려주세요.

6살, 3살 아이를 키우고 있습니다. 매일 집안을 어지럽히고, 말은 듣지도 않고, 온종일 이거저거 해달라고 요구하는 통에 제가 아무 일도 할 수가 없어요. 평온하게 마음을 추스르고 싶지만 그럴 틈이 없다 보니 짜증이 가라앉지 않습니다. 화만 내는 엄마가 된 것 같아서 저 자신이 무섭습니다. 어떻게 하면 좋을까요?

가정에 미취학 아동이 한 명이라도 있다면, 그때가 인생에서 가장 짜증 나는 시기라고 할 수 있습니다. 아이는 말썽부리면서 큰다고들 하지요. 그것을 모르는 엄마는 없습니다. 그런데도 왜 짜증이 나는 것일까요?

이유는 잠시도 쉴 틈이 없이 육아에 매달리다 보니 엄마 본인의 마음을 저축할 여유가 없기 때문입니다. 미취학 아이들은 "엄마, 이거 봐요.", "엄마 이거 해주세요.", "엄마, 여기 와 봐요."라며 온종일 엄마를 불러대고 잠시라도 한눈을 팔면 어느 사이에 말썽을 부리는 일도 부지기수이지요. 365일 엄마는 계속 에너지를 방출하고 있으니, 웃는 얼굴이 될 수 없습니다.

해결책은 누군가로부터 인정받는 것입니다. 엄마도 누군가 자기 이야기를 들어주면 좋겠고, '정말 잘하고 있어'라며 인정해주길 원합니다. 하지만 엄마는 인정을 받기도 어렵습니다.

이럴 때일수록 **'자신을 스스로 아끼는 시간'을 확보해 주세요.** 현실적으로 그러기 불가능하다는 생각이 들 것입니다. 충분히 이해합니다. 그렇지만 **짜증을 가라앉히는 방법은 혼자만의 시간을 가지는 방법밖에 없습니다.** 아이를 남편에게 맡기고 쇼핑을 하거나, 서점을 가거나, 카페에 가는 등 자신에게도 사랑을 베풀어 주세요. 가만히 생각해 봅시다. 뭘 하면 기분이 좋아지나요?

엄마가 아이를 두고 자기만의 시간을 가지러 간다고 죄책감을 느끼지 마세요. 전혀 나쁜 일이 아니잖아요? **자녀를 양육하는 기간에는 당당히 자신을 아낄 수 있는 시간도 확보해야 합니다.** 그래야 '해피맘 라이프'가 시작됩니다.

'아이들이 말썽을 부리는 것은 당연하다' 그것을 모르는 엄마는 없습니다. 짜증의 원인은 아이가 아니라 엄마에게 있습니다.

아이에 대한 짜증을 없애려면, 엄마 혼자만의 시간을 만들어야 합니다.

육아, 요리, 빨래, 설거지, 청소… 해도 해도 끝이 없는 집안일… '왜 나만 해야 해?'라고 생각하면 엄마 자격이 없는 걸까요?

육아에 살림, 나열하면 끝이 없는 자질구레한 집안일들. 저는 가족을 위해 이렇게 희생하는데, 저를 챙겨주는 사람은 없는 것 같아 서글픕니다. 그리고 불쑥불쑥 '도대체 나는 뭘까?'라는 생각이 듭니다. 엄마나 아내로서 당연히 해야 할 일인데 억울함이 드는 저는 자격이 없는 걸까요?

아이를 키우는 엄마는 모두 훌륭한 사람입니다. 그런데 아무도 자신을 챙겨주지 않으면 서글프면서 억울하기도 하고 화도 나지요. 그런 감정이 들면 한편으로는 사랑하는 가족을 위해서 한 일인데 왜 이렇게 화가 나나 싶고 자책감도 듭니다.

자신을 비하하지 마세요. 육아는 장기전입니다. 자기 비하는 정신 건강에 좋지 않습니다. 아이들이 기운 넘치다 보니, 엄마는 아이에게 끌려다닐 수밖에 없습니다. 지치지 않는 아이와의 에너지 대결에서 절대 이길 수 없습니다.

그래서 조언을 드리자면! **육아에 대해서는 절대 깊게 반성하지 말고, 빠르게 태세 전환을 합시다! 엄마는 뻔뻔스러운 착한 사람이 되어야 합니다.**

'나는 일주일에 빨래를 몇 번씩이나 하지. 오늘 요리도 하고, 청소기도 돌렸어. 정말 대단하지 않아? 훌륭해!'라며

당연한 일을 하는 자신을 칭찬해 줍시다. 자신을 칭찬하다 보면 당연한 것을 칭찬하는 센서가 민감해집니다. 그럼 아이를 칭찬하는 것도 능숙해집니다.

힘들다고 생각하면서 집안일을 이어가면, 엄마의 마음 저축은 마이너스가 되거나 소진됩니다.

육아에 대한 반성은 1초면 충분! 매일 열심히 하는 자신을 칭찬합시다.

저는 아기를 돌보는 게 매우 서툰 실수투성이입니다. 아이에게 미안하고 엄마로서 능력이 부족한 것 같아 불안합니다.

첫 아이라 그런지 모르는 것이 너무 많습니다. 분유 온도를 제대로 맞추지 못하기도 하고, 기저귀가 빠져서 이불이 흥건해지는 일도 자주 있습니다. 여느 엄마들이 능숙하게 하는 일들이 저는 좀처럼 잘 안 됩니다. 남편도 슬슬 짜증이 나는지 "이제 잘할 때도 되지 않았어?"라면 핀잔을 줍니다. 엄마로서의 역할을 잘하려면 어떻게 해야 할까요?

엄마 일 년생은 누구나 육아가 당혹스럽고, 실수도 많이 합니다. 아기를 낳은 직후라면 호르몬 균형이 원래대로 돌아오지 않았기 때문에 사소한 일에도 예민해집니다. 그래서 아기한테 미안해지고 '나는 못난 엄마인가 봐'라는 우울한 감정이 들 수 있습니다.

엄마의 자질 문제도 아니고 엄마의 인격과도 관계없습니다. 특별히 몸 상태가 나쁠 만한 문제가 없다면 곧 건강을 되찾을 수 있습니다.

첫 육아는 정보를 아무리 많이 알고 있다고 해도, 모르는 것 천지입니다. 모르는 것을 모르는 채로 두면 엄마는 불안감이 더해지고 결국 자신을 비난하게 됩니다. 그럼 결국 마음 저축이 줄어들겠지요?

모르는 것은 육아 친구나 선배 엄마에게 물어봅시다.

엄마들의 고민은 다들 비슷비슷합니다. 함께 이야기를 나누는 것만으로도 불안과 스트레스가 줄어들 것입니다.

조언을 들었다면, 반드시 감사 인사를 전하세요. **육아 친구와 좋은 관계를 맺으려면 예의를 잘 차림으로써 적당한 거리를 잘 유지해야 합니다.**

아이를 처음 키워보는데 실수는 따르기 마련이고, 못하는 것은 당연합니다. 그렇게 조금씩 엄마가 되어가는 것입니다.

혼자 떠안고 고민하지 말고 모르는 것은 육아 친구나 선배들에게 물어보면 도움이 됩니다.

조리원 모임에 계속 나가야 할지 고민입니다. 한 엄마에게 고민을 털어놓았는데, 다른 엄마들에게 전한 것 같아요. 어떡하죠?

조리원 모임에서 엄마들끼리 서로 고민을 털어놓곤 합니다. 계속 모임에 나가려면 저도 어느 정도 마음을 터놔야 할 텐데, 사실 엄마들을 믿어도 될지 아직 모르겠습니다. 게다가 한 엄마에게 고민을 털어놨는데, 얼마 후에 다른 엄마가 "그래서 그 일 어떻게 됐어?"라고 물어서 당황했습니다. 기분이 좋진 않네요.

조리원 동기, 육아 친구 등의 호칭에는 '동기, 친구'라는 말이 붙어 있기 때문에 친구 같은 존재로 생각할 수도 있습니다. 하지만 어디까지나 아이를 매개로 한 멤버, 동료, 지인입니다.

물론 진심을 나누는 사이가 되면 동지애가 느껴지고, 힘든 육아 시기를 지지해줄 동료가 되기도 합니다. 단, 그 관계의 시작은 '같은 시기에 아이를 낳고 같은 조리원에서 만난 엄마'라는 속성 안에서 만들어진 교제입니다.

어떤 모임이건 정말 마음 맞는 사람이 5% 정도 있다면, 그곳은 비교적 좋은 모임입니다. 그러니 마음이 맞지 않는 사람이 있어도 이상할 것이 없습니다.

조리원 동기, 육아 친구는 평생 만날 사람이 아니라, 육아 기간에만 한정된 관계로 구분하는 것이 편하고 좋습니다.

아이들이 각자 다른 유치원에 가거나, 설령 같은 초등학교에 입학하더라도 학년이 바뀌면 엄마 친구도 아이 친구에 따라 바뀝니다.

고민 상담을 해 주신 엄마는 이번에 썩 좋지 않은 일을 경험하고 말았네요. 기분은 상하지만, 이 일을 계기로 교훈을 얻었다고 생각합시다.

사람의 입에는 문을 달 수 없다는 말이 있습니다. 다른 사람이 알면 안 된다고 생각하는 이야기는 아무에게도 말하지 않는 것이 현명합니다.

육아 친구, 엄마 친구는 아이가 개입된 교제입니다. 학창 시절의 친한 친구들과는 다르다는 것을 알아야 합니다.

모임에 마음이 맞는 사람도 있고, 안 맞는 사람도 있는 것이 당연합니다. 조금씩 관계의 특성을 구분하면서 성숙한 교제를 해나갑시다.

세 명의 사내아이들과 매일 전쟁 같은 일상을 보내고 있는 엄마입니다. 예전의 제 모습은 온데간데없고 변해가네요. 거울에 비친 제 모습을 보면 이렇게 변해가도 되는 걸까 싶습니다.

아이들을 키우느라 힘든 나날을 보내고 있는 30대 엄마입니다. 전에는 직장도 다니고, 취미 생활도 즐겼지만, 아이를 낳은 후에는 예쁜 옷보다 더러워져도 상관없는 편안한 옷만 입게 되었습니다. 그러다 보니 제 사고방식도 예전과 달라지는 것 같습니다. 친구들도 저보고 성격이 변했다고 하더군요. 다른 엄마들은 괜찮은 걸까요?

세 명의 사내아이들을 키우느라 고군분투하고 계시는 모습이 떠오릅니다. 엄마가 되는 순간 생활은 급변합니다. 일상, 옷 입는 스타일은 물론이고 관심 대상, 주로 보는 방송 채널, 여가를 보내는 방법 등 모두 아이 중심으로 바뀝니다.

하지만 그 변화로 인해, 전에는 미처 몰랐던 것, 느끼지 못했던 것들을 접하게 됩니다.

공원을 예로 들어 볼까요? 직장에 다닐 때는 낮에 공원이나 놀이터에 갈 일이 거의 없죠. 아이가 태어나면 매일 가다시피 하게 됩니다. 그러다 보면 계절의 소소한 변화들이 온몸으로 느껴지지는 않으신가요?

엄마가 되지 않았다면 매일 조금씩 변화하는 나무, 풀, 꽃, 바람의 향기를 간직할 수 없을지도 모릅니다.

엄마는 아이와 같은 시선이 되기 때문에 다양한 변화를 느끼고 경험하게 됩니다. 어느 엄마건 마찬가지지요. 그리고 나쁘지 않아요. 복장도 아이와 함께 즐기기 편한 스타일로 변화를 준 것이니, 그 나름의 엄마표 패션으로 즐기면 어떨까요? 아이 덕분에 새로운 나의 모습을 발견할 수 있었다고 생각하고, 엄마라는 모습의 나를 즐깁시다!

나만의 행동 패턴과 스타일은 바로 바꾸기 어려운 법입니다. 하지만 육아가 생활의 중심이 되면 변하는 것이 자연스러운 과정이기도 합니다.

새로운 나를 만나서 그 또한 재미있고 행복하다고 생각해 봅시다. 그리고 엄마로 변화한 내 스타일도 함께 즐겨봅시다.

결혼 전부터 지금까지 직장에 다니고 있습니다. 아이가 생기고 나서 일과 육아를 모두 잘 해내기가 힘듭니다. 그럼 직장을 포기해야 할까요?

직장을 다니면서 육아를 병행하자니 힘에 부칩니다. 다른 직장맘들은 어떻게 이 상황을 극복하고 있을까요? 일과 육아, 둘 다 잘 할 수 있는 비결을 알려주세요. 아이와의 시간도 중요하지만 제 경력도 쌓고 싶습니다. 퇴사하지 않고도 육아를 무리 없이 할 수 있는 방법은 없을까요?

육아에는 방대한 시간이 필요합니다. 한 명이면 한 명분, 두 명이면 두 명분, 세 명이면 세 명분의 시간과 노력이 필요합니다.

인간의 아이는 부모로부터 완전히 자립할 때까지 오랜 시간이 걸립니다. 엄마는 아이를 낳는데 끝나지 않고 성장을 지원해야 합니다. 이렇게 길고 힘든 상황이 육아인데, 경제활동도 하고 있다면 엄마의 부담은 엄청나게 크다고 할 수 있습니다.

그런데도 **육아와 일을 모두 완벽하게 하는 슈퍼 맘이 되려고 하면 어느 순간 정신적, 체력적으로 무너질 수밖에 없습니다. 엄마의 마음 저축도 마이너스가 되지요.**

그럴 때는 수고를 줄일 부분을 과감하게 정해야 합니다. 육아나 커리어보다 덜 중요한 것, 바로 집안일이지요.

'주부의 의무도 다해야 하지 않을까?'라는 걱정이 들 수도 있겠지만 그렇지 않습니다. 저는 지금까지 직장맘 자녀들과 상담하면서 '우리 엄마는 화를 잘 내요'라는 고민은 들어 봤어도, '우리 엄마는 집안일을 소홀히 해요'라는 고민을 들어본 적이 없습니다.

아이들은 엄마가 괜찮다면, 사 온 반찬도 맛있고 좋다고 생각합니다. 그리고 엄마를 도와줄 수도 있습니다.

엄마를 돕는 과정에서 아이의 자기긍정감도 높아집니다.

지금의 아이들이 성인이 되고 결혼해서 아이를 키울 즈음에는 대부분의 엄마가 일하는 시대가 될 것입니다.

미래에는 일과 육아를 병행하는 것이 당연해질 가능성이 큽니다! 포기할 건 과감하게 포기하는 우선순위 기술을 보여주세요.

직장에서 유연근무제를 시행하여 조기 퇴근하고 있습니다. 퇴근 시간이 임박하면 눈치가 보이고 동료들에게 미안해집니다.

직장맘입니다. 어린이집 하원 시간에 맞춰서 조기 퇴근하고 있습니다. 회사에서 유연근무제를 시행하고 있어서 공식적으로는 문제가 없지만, 저희 팀에서 조기 퇴근하는 사람은 저뿐이라 미안하고 마음이 편치 않습니다. 특히 동료들이 야근하는 시기가 되면 저에 대해 안 좋게 생각하지는 않을지 걱정도 되고 눈치가 보입니다.

직장에 충실하고 싶은 마음과 육아도 소중히 하고 싶은 마음이 충돌하는 시기로 보입니다.

일반적으로 업무 성과와 실적은 시간을 많이 투입할수록 높아지는 경향이 있지요. 직장맘은 업무에 투입할 수 있는 시간이 적습니다.

동료들은 일하고 있는데 본인만 일찍 퇴근하자니 마음이 불편할 수 있습니다. 게다가 아이 문제로 휴가를 내야 하는 등 여러모로 속이 타는 상황이 많을 것입니다. 경력을 단절하고 싶지 않은 마음도 충분히 이해됩니다.

업무 시간에는 최선을 다해서 업무에 몰입하는 것이 중요합니다. 일을 열심히 하면 주변 사람들에게 인정받을 수 있습니다.

그리고 하나 더! **밝게 인사하는 것이 좋겠습니다.**

"이만 퇴근하겠습니다. 내일 뵐게요."라며 동료들에게 웃는 얼굴로 인사를 건넵시다.

아무 말도 하지 않고 조용히 퇴근하면 오히려 상황이 악화할 수 있습니다. 주위로부터 인정을 받아야 엄마의 마음 저축도 쌓이고, 직장 생활도 좋아집니다.

주위의 시선을 의식하기 전에 자신의 행동을 바꿔 봅시다.

넉살 좋은 호인이 되어 "먼저 들어가겠습니다. 내일 뵐게요."라며 웃는 얼굴로 인사합시다!

남편과 집안일을 분담하기로 했습니다. 그런데 남편이 집안일을 제대로 안 합니다. 어떻게 하면 좋을까요?

아이가 어린이집에 다니면서 복직하였고, 육아와 집안일을 남편과 분담하기로 했습니다. 그런데 남편이 집안일을 너무 못합니다. 제대로 하려는 의지도 없는 것 같아요. 간단한 요리법을 메모해 주었는데도 하려는 노력도 보이지 않아서 결국 부부싸움으로 번졌습니다. 남편의 살림 실력을 높일 방법이 없을까요?

남편이 집안일에 대해 얼마나 알고 있는지는 모르겠지만, 나는 알고 있는데, 상대방은 잘 모르는 것을 가르치기는 쉽지 않습니다.

왜냐하면 가르쳐 주는 사람 입장에서는 상대방이 '이 정도는 당연히 알고 있을 것이다'라는 확신이 있기 때문입니다. 밥을 예를 들어 볼까요? 남편에게 "여보, 밥해봐."라고 이야기했다고 칩시다.

'밥을 한다'라는 뜻을 알면 '쌀은 어느 정도가 적당한지, 어떻게 씻는지, 밥솥은 어떻게 조정하는지, 밥이 다 된 후에 어떻게 펴야 하는지'의 과정이 당연한 듯이 머릿속에 그려지지요?

그런데 집안일을 전혀 못 하는 남편은 쌀 씻는 방법도 잘 모릅니다. 그 모습을 보고 있자니 스트레스가 올라올 것입니다.

남편에게 집안일을 알려 줄 때는 여섯 살 아이에게 도움을 요청하는 수준으로 해야 합니다. 구체적으로 할 일을 요청하는 것이지요. 여섯 살 아이이므로 한 번에 하나만 가능합니다.

중요한 것은 무엇을 어떻게 하는지 구체적으로 전달하는 것입니다. 엄마를 도와주겠다며 손을 내민 아이에게 하는 프로세스와 같다고 생각하면 됩니다.

쉽고 간단한 수준의 집안일도 남편에게는 어렵고 복잡하게 느껴질 수 있습니다.

여섯 살 아이를 가르치듯이 구체적으로 설명해 주세요. 그리고 "잘하겠는걸? 덕분에 손을 덜겠어! 고마워!"라는 말도 잊지 마세요.

남편은 본인이 가정적인 남편이자 육아 능력자라고 생각합니다. 하지만 제가 보기에는 턱없이 부족합니다.

남편은 자신이 가정적인 육아 능력자라고 자부합니다. 하지만 제가 보기에는 한없이 부족해 보입니다. 이 갭을 어떻게 메우면 좋을까요? 제가 아이를 목욕시키고, 욕실 밖으로 내보낼 때, 바로 와서 아이를 받아다 마무리 좀 해달라고 부탁했거든요? 그런데 아무리 불러도 오지 않더라고요. 나와서 보니, 소파에 누워서 텔레비전을 보고 있는 거 아니겠어요?. 이러면서 육아 능력자라는 말 좀 안 했으면 좋겠어요! 정말 얄밉습니다.

육아 기술이 뛰어난 엄마가 미숙한 남편을 보면 부족한 점이 눈에 띄는 것이 당연합니다.

그런데 남편만 그런 것이 아닐 수도 있어요. 할머니의 도움을 받는다고 해도, 평소 손자를 돌보지 않았다면 엄마의 생각대로 잘하지 못할 수도 있습니다.

즉, 아이를 어떻게 케어해야 하는지에 대한 엄마의 생각이 상대방에게 구체적으로 전달되지 않으면, 엄마의 짜증은 가라앉을 틈이 없을 것입니다.

남편분은 자칭 가정적인 육아 능력자이므로 해야 할 일을 구체적으로 알게 되면 잘할 가능성이 높습니다.

엄마 입장에서는 아이를 목욕시키는 방법뿐만 아니라 목욕시키기 전, 후에 해야 할 일 정도는 당연히 알아야 한다고 생각할 수 있습니다.

하지만 모르는 사람에게는 하는 방법을 일일이 가르쳐 주는 방법밖에 없습니다.

남편이 '육아에 도움이 되지 않는다'라는 불만을 가진 엄마들의 속내는 '말하지 않아도 좀 해!'입니다.

내가 원하는 사항을 구체적으로 전달하지 않으면 남편은 이해하지 못합니다.

출산 후 남편과 대화가 부족해졌습니다. 이야기 하고 싶지 않은 게 아니라 대화할 시간이 없는 것 같아요.

출산·육아를 경계로 남편과의 대화가 급격히 줄어들었습니다. 이야기하고 싶어도 이야기할 시간이 맞지 않는 것도 사실입니다. 부부간의 대화가 줄어들다 보니 사이도 멀어지는 것 같습니다. 출산 후 소원해진 관계를 회복하려면 어떻게 해야 할까요?

부부는 임신 단계부터 엄마, 아빠가 되어 부부보다 부모의 역할이 커집니다. 그렇기 때문에 부부 관계가 달라졌다고 느끼는 것인지도 모릅니다. 아이가 깨어 있으면, 아이를 돌보는 데 시간을 전적으로 할애합니다. 전에는 남편과 대화를 나누던 시간대에도 아이에게만 집중하게 되고, 모처럼 남편과 대화를 나누려 해도 아이에 의해 저지당하게 되지요.

이럴 때는 아이와의 관계를 좋게 만드는 방법을 그대로 남편에게도 사용해 봅시다. 아이가 커서 학교, 학원에 다니느라 바빠지고, 사춘기를 거치면서 엄마와 관계가 소원해졌을 때, 아이와의 심리적 거리를 좁히고 좋은 관계를 만드는 방법과 동일합니다.

핵심은 남편의 마음을 바꾸려는 노력이 아닙니다. 남편과의 심리적 거리를 가깝게 하기 위한 '행동'을 도입하는 것입니다.

예를 들어 남편이 좋아하는 반찬을 만들고 "당신이 좋아하는 반찬을 만들어 봤어."라며 간접적으로 좋아하는 감정을 말과 행동으로 전합니다. "냉장고에 맥주 넣어놨어, 목욕하고 시원하게 마셔."라는 말도 당신을 생각하고 있다는 의미가 됩니다. 지금 현실적으로 남편과 긴 대화를 나누기 어려운 상황이라면 엄마 본인의 행동을 바꿔봅시다. 그러다 보면 점점 편안하게 대화를 나눌 수 있게 됩니다.

사춘기 아이가 부모의 말을 잘 듣지 않고, 마음을 터놓지 않는 것은 그럴만한 이유가 있기 때문입니다. 남편의 경우도 마찬가지입니다. 그럴만한 이유가 있음을 인정하는 것이 중요합니다.

"뭐라고 말 좀 해!"라고 상대방에게 요구하지 말고, 상대방(남편, 사춘기 자녀)을 위하는 '행동'을 보여줍시다.

시어머니께서 말씀을 너무 모질게 하셔서 되도록 만나고 싶지 않습니다. 솔직히 말하면 시어머니가 싫습니다.

시어머니께서 저에게 모질고 독한 말씀을 많이 하십니다. 제가 싫어서 그러실 테지만, 듣고 있는 저도 점점 힘들고 시어머니를 만나고 싶지 않습니다. 하지만 남편에게는 어머니고, 아이에게는 할머니다 보니 제가 싫다고 안 보고 살 수도 없고, 어떻게 해야 할지 모르겠습니다.

남편과 친해서 결혼한 것이지 시어머니와 친해서 결혼한 것이 아니기 때문에, 시어머니와 가까워지지 못할 수도 있습니다.

시어머니의 심한 말을 듣고 있자면 말 그대로 자신이 부정당하는 느낌이 들고 기분이 우울해지죠. 그럼 어떻게 하면 좋을까요? 습관적으로 모진 말을 많이 하는 시어머니는 오랜 시간에 걸쳐 그런 소통 방식을 만들어 왔기 때문에 지금에 와서 고치기는 매우 어렵습니다.

이 경우는 **차라리 '싫은 소리를 하시는 데는 본인만의 이유가 있겠지…'라며 자신의 마음을 바꾸는 것이 낫습니다.** '도대체 왜 저러시는 거야?', '뭐가 문제야?'라고 생각해봤자 그 뜻을 가늠할 수 없습니다. 만약 그 생각에서 헤어 나오지 못하면 심적 고통만 심해질 뿐입니다. 그리고 마음 저축도 계속 줄어듭니다.

더 이야기해보자면, 시어머니는 다른 사람과도 우호적인 관계를 맺기 힘들 수 있습니다. 동일한 소통 방식을 다른 사람에게도 고수하고 있을 가능성이 높기 때문입니다. 그러니 차라리 시어머니를 '불쌍한 사람'이라고 생각하고 포기하는 것이 편할 수 있습니다.

'모질게 말하는 데는 본인만의 이유가 있겠거니'라고 관점을 바꾸되, 그 이유를 찾으려고 고민하지 마세요.

모질게 표현하는 방법밖에 모르는 '불쌍한 분'이라고 생각하고 마음에 담아두지는 마세요.

'나 때는 애 키우기 참 힘들었는데 너는 편해서 좋겠다.'라며 수시로 말씀하시는 시어머니께 뭐라고 대답하면 좋을까요?

제가 아이를 키우는 모습을 보면 바로 "옛날에는 이랬다."라며 옛날 육아 이야기를 하시는 시어머니. 게다가 시대착오적인 교육 이야기를 듣고 있자니 답답합니다. 시어머니의 기분이 상하지 않는 선에서 잘 피할 방법이 있을까요?

'옛날에는 이랬다'라는 말을 자주 하는 사람들은 지금의 현실에 만족하지 못하고, 옛날에 좋았던 시절 이야기를 하고 싶은 것일지도 모릅니다. 그렇다고 며느리 입장에서 "지금은 옛날과 다르죠."라고 말하면 시어머니와 각을 세우는 것처럼 보일 수 있지요.

시어머니는 며느리의 주장이나 요즘 시대 방식에 대해 듣고 싶은 것이 아닙니다. **'옛날에는 육아가 힘들었다'라는 말을 하는 것은 그 큰일을 해낸 자신의 공적을 칭송해주길 바라기 때문입니다.**

지금은 상대방(시어머니) 이야기를 듣고 칭찬을 해야 할 때입니다. "힘드셨겠어요. 그걸 해내신 어머님은 정말 대단하세요!"라는 식으로 말이죠.

또 아이 교육에 관해서 이야기 하실 때는 '그렇군요'라고 맞장구를 치면 어떨까요? 시어머니는 단지 자신의 이야기를 들어주길 바라는 '관심 바라기'입니다.

그래도 시어머니의 옛날이야기를 듣기 괴로울 때는 "어머님, 최근에 아이가 이것도 할 줄 알게 되었어요!"라며 아이의 성장으로 화제를 전환해 봅시다. 그러면 시어머니와 잠깐일지라도 공감대를 형성할 수 있을 것입니다.

시어머니께서 옛날이야기를 하시는 것은 '내 이야기를 들어달라, 나의 공을 칭송해 달라'는 신호일 수 있습니다.

"옛날에는 참 힘들었다."라는 말에 반박하면 역효과가 납니다. "그걸 해내시다니 대단하세요!"라고 칭찬해드리는 것이 정답입니다.

시어머니는 요리 솜씨가 없으세요. 그래도 본인은 잘 모르십니다. 솔직히 먹기 힘들어요. 어떻게 말씀드려야 할까요?

시어머니를 모시고 살고 있습니다. 시어머니께서는 저에게 주방을 내주실 마음이 없으세요. 그래서 가족들의 식사를 직접 만들어 주십니다. 문제는 정말 맛이 없어서 먹기 힘들어요. 솔직히 말씀을 드리자니 상처받으실 것 같고, 고민입니다. 좋은 방법이 없을까요?

며느리 입장에서 시어머니의 반찬에 대해 왈가왈부하면 불화가 생기겠죠. 또한, 시어머니께서 직접 식사를 준비하신다는 것은 요리하는 방식도 시어머니 관할이기 때문에 면전에서 거절할 수도 없습니다.

시어머니께서 전업주부라면 주방은 일터입니다. 일터에서 부정당한다는 것은 일을 그만두라는 말과 같습니다. 맛이 없으니 요리하지 마시라고 거절할 것이 아니라, **맛을 잘 내기 위해서 어떻게 행동해야 하느냐가 해결책입니다.**

가장 맛있게 먹어주길 바라는 것은 손자가 아닐까 싶습니다. 아이 입에서 "할머니 맛있어요!"라는 말이 나오면 가장 좋겠죠. 그만큼 맛도 있어야 하고요. 목적이 정해졌으니 이제 시어머니께 어떻게 전달할지가 남았네요.

아이가 좋아하는 음식이나 맛을 시어머니께 알려드리는 방법도 효과적입니다. "아이가 토마토를 좋아하니까 저녁

메뉴로 토마토 달걀 볶음은 어떨까요?"라고 식단을 제안하고 아이가 좋아하는 맛을 내는 방법을 알려드리면, 갈등 없이 화기애애한 분위기를 만들 수도 있습니다.

더 나아가, 아침이나 쉬는 날에는 식구들을 위해 직접 요리하고 싶다고 제안하는 것도 추천합니다.

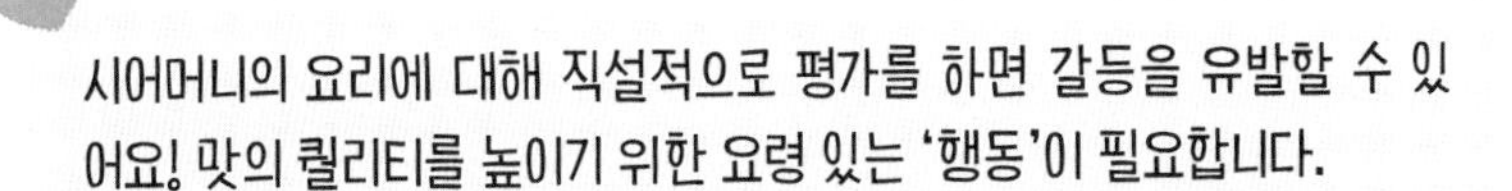

시어머니의 요리에 대해 직설적으로 평가를 하면 갈등을 유발할 수 있어요! 맛의 퀄리티를 높이기 위한 요령 있는 '행동'이 필요합니다.

아이(손자)가 좋아하는 메뉴나 양념을 시어머니께 알려드리는 방법도 괜찮습니다.

시어머니께서 아이에게 저에 대해 험담을 하십니다. 아이가 저를 안 좋게 생각할까 봐 걱정입니다. 그러지 마시라고 말씀드리고 싶어요!

5살 남자아이를 키우며 직장을 다니고 있습니다. 주중에는 시어머니께서 집에 오셔서 집안일과 육아를 도와주십니다. 정말 감사할 따름이지요. 그런데 주말에 청소하고 있는 저에게 아이가 다가와서는 "엄마 청소 똑바로 해!", "아빠한테 못되게 굴지 마!", "불량 엄마!"라는 말을 해서 깜짝 놀랐습니다. 대체 어디서 그런 말을 배웠냐고 물었더니 "할머니가 그랬어."라고 대답하는 거 아니겠어요? 화가 나기도 하고, 아이가 저를 안 좋게 생각하게 될까 봐 걱정입니다.

일을 마친 후 피곤함을 안고 집에 돌아온 엄마의 마음을 달래주는 것은 아이입니다. 천진난만한 얼굴과 웃음소리, 부드러운 감촉은 정말 최고의 행복이라고 해도 과언이 아니지요. 그런 아이로부터 "불량 엄마!"라는 말을 들으면 충격적일 수밖에 없습니다.

이럴 때는 상황의 좋은 면을 보는 '긍정 수업'에 임한다고 상상하고, 생각을 변화 시켜 봅시다. 그리고 자신을 타일러 주세요.

'시어머니 덕분에 내가 쉴 수 있는 시간이 생겼다. 아이와 보낼 수 있는 시간을 확보할 수 있었다'라고 생각을 바꿔보세요.

중요한 것은 아이는 할머니보다 엄마와 보낼 시간이 더 길고, 엄마의 영향력이 세상에서 가장 크다는 사실입니다.

아이들은 언제나 엄마 편입니다. 엄마에게 야단을 맞아도 엄마를 좋아하는 마음은 변치 않죠.

자, 시어머니의 도움으로 만들어진 소중한 시간을 아이와 마음껏 누려 봅시다!

아이는 앞으로 할머니보다 엄마와 보낼 시간이 더 깁니다.

시어머니 덕분에 엄마 시간이 생겼습니다. 아이가 마음껏 어리광을 부리게 해주세요.

시어머니께서는 아이들을 좋아하시지 않는 것 같습니다. 아이가 집에서 놀고 있으면, 정신 사납다며 밖에 나가서 놀라고 하십니다.

제 딸아이는 시어머니께는 둘째 손주입니다. 아직 3살이기 때문에 큰소리로 노래를 부르고 방안을 뛰어다니기도 합니다. 어머님께서는 그런 아이를 참아주시지 않습니다. 화난 표정으로 "시끄럽다!"라며 혼을 내십니다. 아이도 점점 할머니를 피합니다. 이대로 괜찮을까요?

시어머니 연세가 어떻게 되나요? 아마도 갱년기 증후군을 겪고 있으실 수 있습니다.

어린 여자아이의 목소리는 하이톤이기 때문에 컨디션이 좋지 않을 때는 짜증이 날 수 있습니다. 조용히 쉬고 싶은데 아이가 바로 옆에서 분주히 움직이고 떠들어서 피곤하게 만들고 있는지도 모릅니다.

이런 생각으로 아이와 시어머니의 마음을 모두 헤아려 보고, 시어머니께서 기뻐할 만한 일을 찾아봅시다.

어깨를 주물러 드리거나, 좋아하시는 차와 간식을 만들어 드리거나, 그림을 그려 드리는 등의 정적인 활동을 하면 만족하실지도 모릅니다.

할머니를 위하는 마음에서 비롯된 행동으로 칭찬을 받으면 아이의 자기긍정감이 높아지고 마음 저축도 쌓입니다. 그리고 배려하는 마음도 커집니다.

시어머니의 기분을 먼저 살펴보고, 아이와의 만남을 주선합니다.

아이가 할머니로부터 '착하다'라는 칭찬을 받으면 며느리 점수도 올라갑니다. 결과적으로는 할머니, 엄마, 아이 모두 마음 저축이 쌓입니다.

엄마와 아이 모두 자기긍정감을 높이는

엄마의 마음 저축

초판 1쇄 발행 · 2021년 11월 30일

지은이 · 히가시 치히로
옮긴이 · 서희경
펴낸이 · 곽동현
디자인 · 정계수
펴낸곳 · 소보랩

출판등록 · 1988년 1월 20일 제2002-23호
주소 · 서울시 동작구 동작대로 1길 27 5층
전화번호 · (02)587-2966
팩스 · (02)587-2922
메일 · labsobo@gmail.com
ISBN 979-11-391-0076-1(13590)

엄마의
마음
저축